数码摄影第1书

Digital SLR Photography Practice

张新根／著

浙江摄影出版社

伴我同

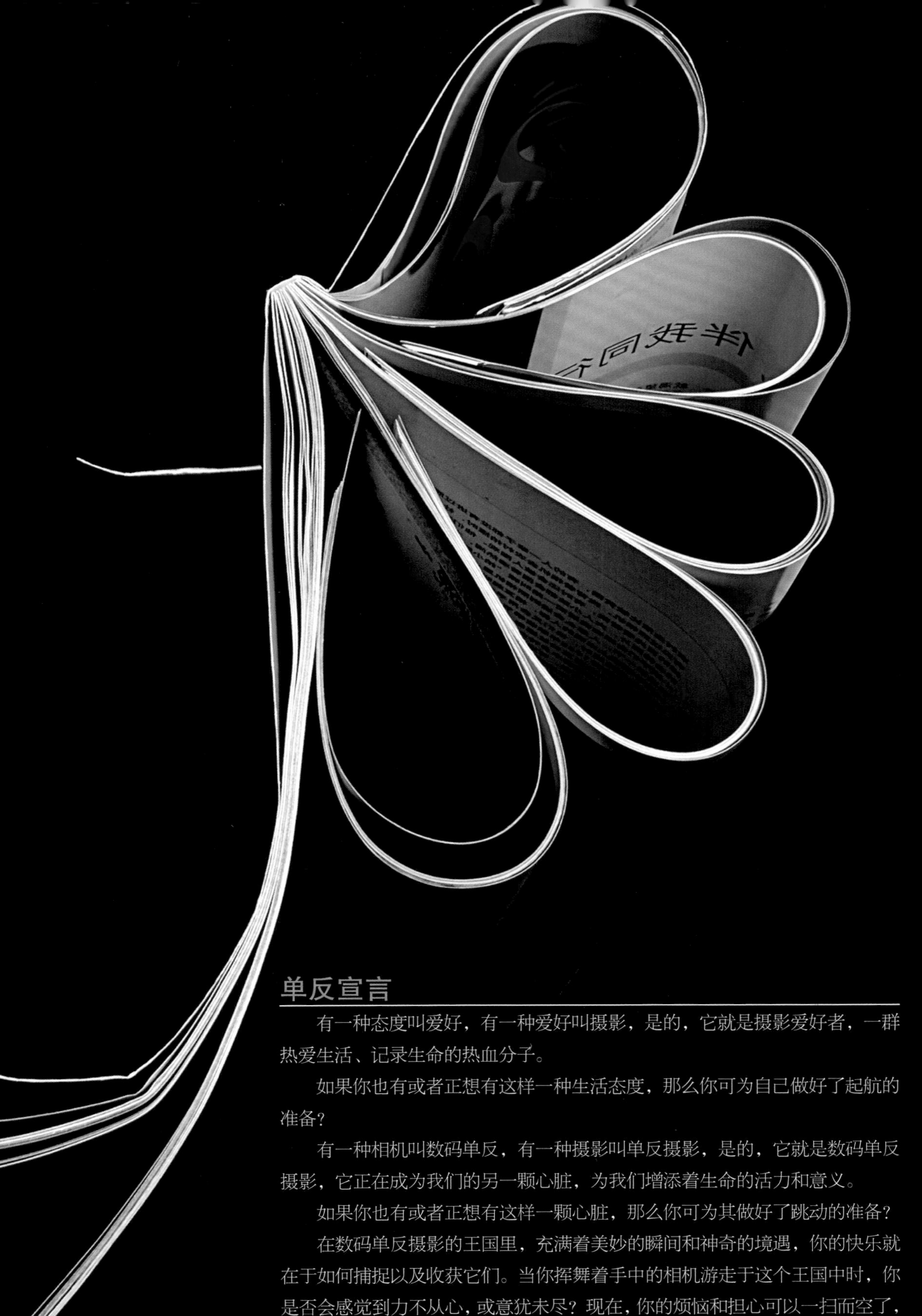

单反宣言

有一种态度叫爱好，有一种爱好叫摄影，是的，它就是摄影爱好者，一群热爱生活、记录生命的热血分子。

如果你也有或者正想有这样一种生活态度，那么你可为自己做好了起航的准备？

有一种相机叫数码单反，有一种摄影叫单反摄影，是的，它就是数码单反摄影，它正在成为我们的另一颗心脏，为我们增添着生命的活力和意义。

如果你也有或者正想有这样一颗心脏，那么你可为其做好了跳动的准备？

在数码单反摄影的王国里，充满着美妙的瞬间和神奇的境遇，你的快乐就在于如何捕捉以及收获它们。当你挥舞着手中的相机游走于这个王国中时，你是否会感觉到力不从心，或意犹未尽？现在，你的烦恼和担心可以一扫而空了，尽可喊出你的单反宣言，本书 9 章 193 节的全能秘笈会为你保驾护航，让你成为数码单反摄影王国中的真正王者。

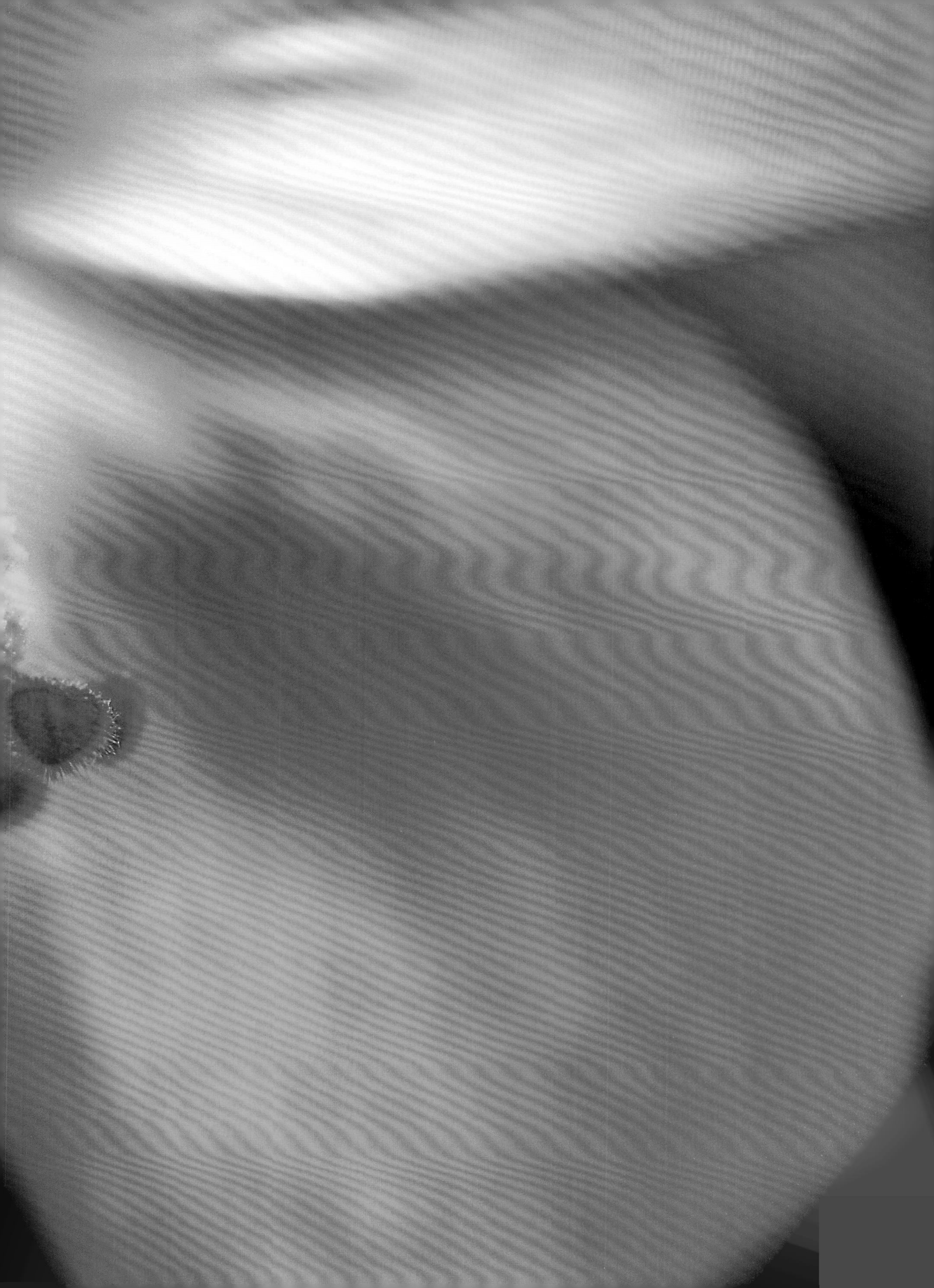

Chapter 1

器材基础精讲

Chapter 2

相机理论精讲

Chapter 3

构图实战精讲

Chapter 4

用光实战精讲

Contents

Chapter 5

自然风景摄影实战精讲

Chapter 6

人像摄影实战精讲

Chapter 7

建筑摄影实战精讲

Contents

Chapter 8

静物小景摄影实战精讲

Chapter 9

动物摄影实战精讲

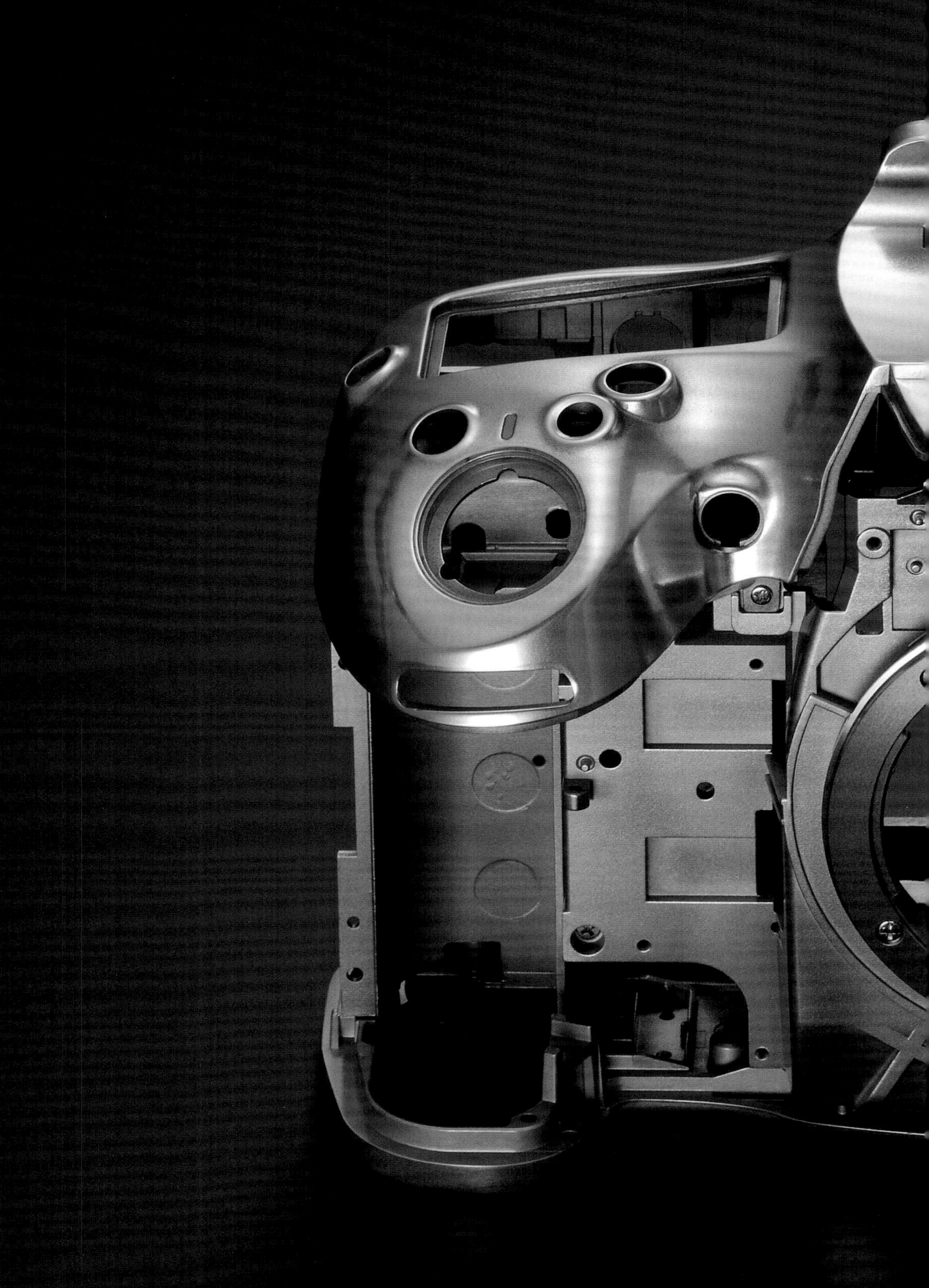

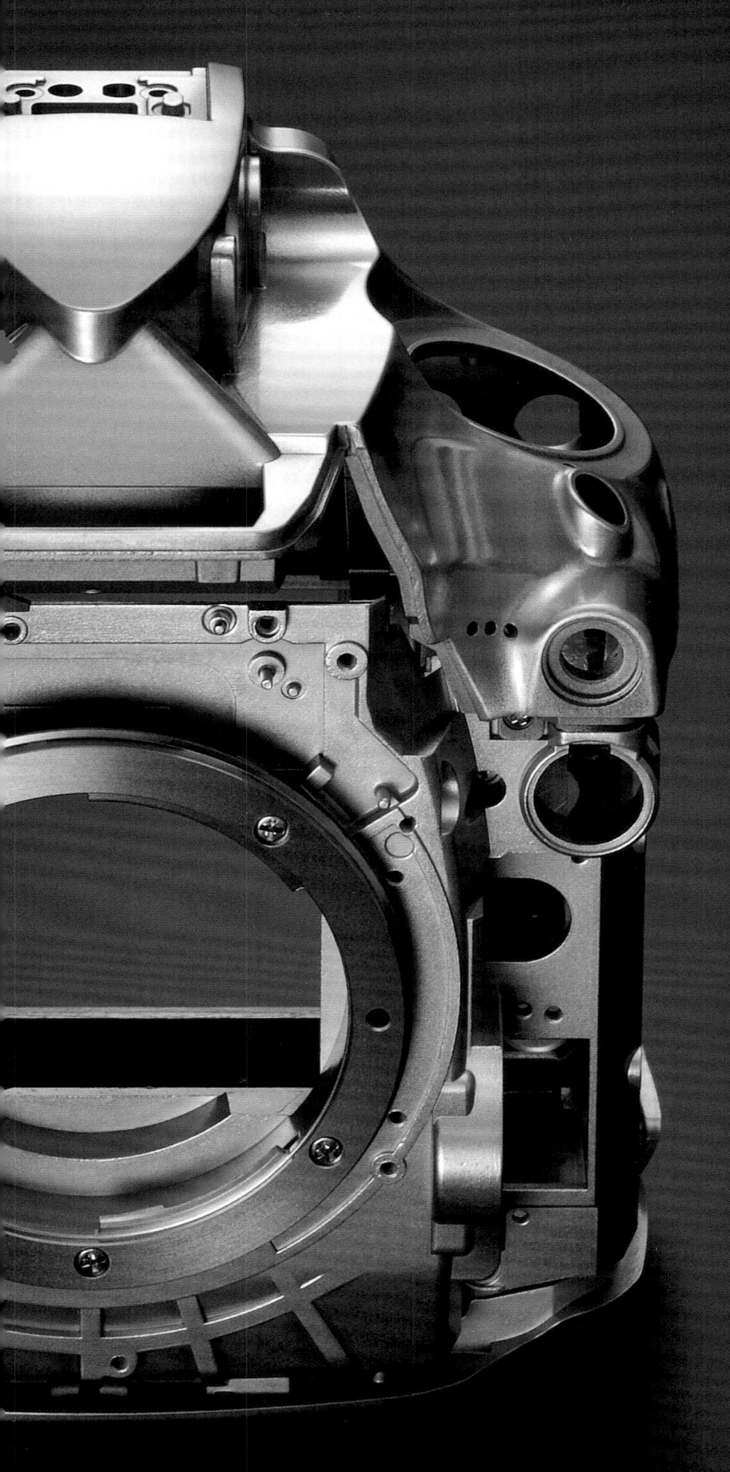

Chapter 1
器材基础精讲

光圈：f/2.8，曝光时间：1/450 秒，ISO：200，焦距：35mm，使用松下 LX5 卡片相机拍摄

卡片相机

卡片相机从外观上来看，具备以下特点：外形小巧、机身轻便、时尚超薄，这也成为衡量卡片相机的重要标准。从内在来看，卡片相机虽然没有数码单反相机强大而丰富的拍摄功能，但是它基本的拍摄功能也完全可以满足普通大众的基本拍摄需要，正是基于这一点，加之它的小巧和便于携带，以及相对实惠的价格优势，使它成为最普及的数码相机。目前市面上的卡片相机名目繁多，数不胜数，各个厂家也是铆足了劲年年升级、推陈出新，机身设计和功能上也越来越时尚和人性化。比如比较成熟的佳能Power Shot SX系列、IXUS系列，奥林巴斯Tough系列和索尼W系列等，都是拍摄功能相对齐全、坚实耐用的卡片相机。对于卡片相机，在选择时更多地应该去了解它们的主要信息和功能，总体来讲，一款成熟且实用的卡片相机必须具备以下几项标准和功能，供消费者参考：（1）操作简便；（2）较广的焦距段；（3）大的LCD显示屏；（4）测光模式；（5）拍摄模式；（6）曝光补偿模式；（7）对焦模式；（8）曝光模式；（9）遥控拍摄。

奥林巴斯Tough系列之一：奥林巴斯TG820，其惊人的七防性能（防水、防震、防尘、防冻、防抖、防划伤、防挤压）加上其金属感极强的外貌，愈加像一个无坚不摧的小机器人

小巧、便携、时尚是卡片相机最大的特点所在。图例为佳能Power Shot D20数码卡片相机（正面）

卡片相机的基本功能丰富多元，能够满足摄影者最基本的拍摄需要，比如外出旅游、拍留念照等。图例为佳能Power Shot D20数码卡片相机（背面）

数码卡片相机佳能IXUS系列展示图。经过不断地更新换代，一些成为系列产品的卡片相机型号已经拥有比较稳定的性能和可靠的质量，可以说是小而强大

光圈：f/2.0，曝光时间：1/1600 秒，感光度：100，焦距：35mm

数码单反相机

数码单反相机就是指数码单镜头反光相机，从字面来看，可以分析出它的基本特点，即单镜头取景、可更换不同的镜头、具有五棱镜反光取景系统，它的英文缩写为 DSLR（Digital Single Lens Reflex）。国内为大家所熟悉和广泛使用的数码单反相机品牌主要有佳能、尼康、宾得、奥林巴斯、索尼等。在单反相机的结构中，最重要的要数相机内的反光镜和相机顶部圆拱形结构内的五棱镜或者五面镜了，两者通过光线的反射和折射，将镜头前的景物呈现在取景框中，拍摄者可以从中观察和取景，实现拍摄。而相机的这一客观构造，又决定了相机另一部件的重要性，那就是镜头，因为镜头犹如相机这个黑匣子的窗口，决定了通过光线的多少和取景范围，而更为重要的是它可以保证取景器中看到的取景范围与感光元件所记录的影像范围基本一致，这就避免了旁轴取景相机所固有的视差现象，使得拍摄更加方便、准确。

图例为装配有尼克尔 18–55mm 变焦镜头的尼康 D90 数码单反相机。这套装置在商场中被称为“套装”，也称“套机”，整套购买价格实惠，而且所配镜头也是日常常用的焦距范围

图例为装配有佳能 50mm F1.4 标准镜头的佳能 EOS–1DMark IV 数码单反相机。该机器在数码单反相机中处于顶端的专业级数码单反相机行列

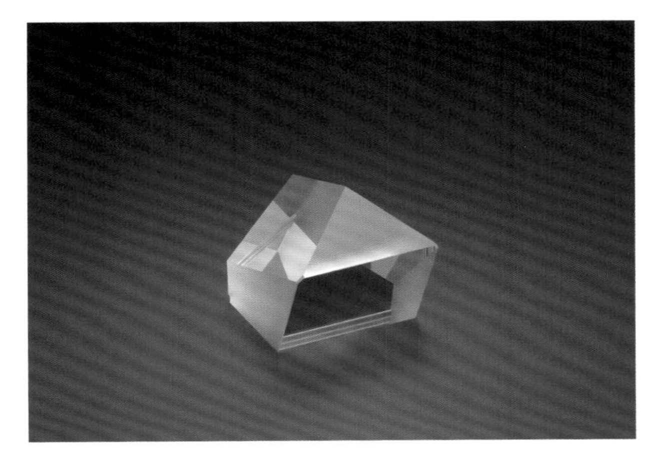

尼康 D300s 所装配的五棱镜实物图

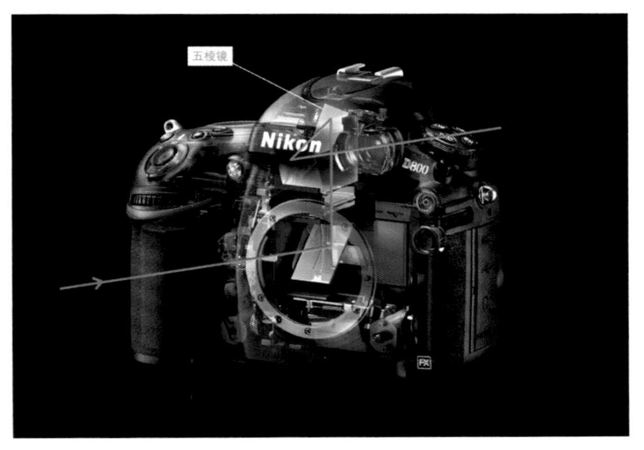

五棱镜取景系统效果图。从上图红线的路径我们可以分析到，我们取景器中所看到的景象与镜头中的景象是一致的，即所拍即所见

数码单反相机的优势与缺点

数码单反相机的优势多多，相较于卡片相机，主要表现在：

感光元件优势

感光元件是数码相机核心部件之一，它的大小直接决定着照片品质的优劣，一个大的感光元件犹如一张大的底片，可以带来更加细腻和丰富的记录信息。比如一个大的感光元件所形成的图像与一个小的感光元件所形成的图像，在同比例放大若干倍后，就会发现它们各自的细节呈现和清晰度发生了巨大差异。大感光元件所形成的图像要比小感光元件形成的图像在品质上高出很多，这也是数码单反相机与卡片相机的重要区别之一。因为数码单反相机的感光元件要远远大于卡片相机，且单个像素面积也是卡片相机的四五倍，所以数码单反相机拥有出色的信噪比，可以记录更宽广的亮度范围。

尼康 D90 所拍摄的画面效果

同一景致下，松下 LX5 所拍摄的画面效果

尼康 D90 所拍画面经过放大后的截图效果

松下 LX5 所拍画面经过同比放大后的截图效果。通过截图对比，我们可以看到两者画质表现上的差距

下面是不同画幅的数码相机传感器实物图。我们可以看到它们在大小上的差异。

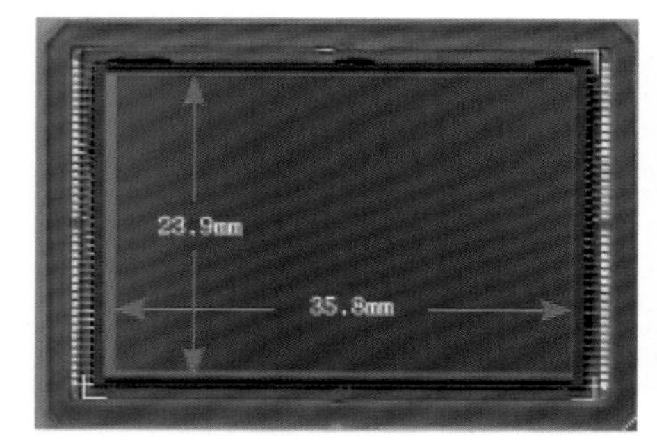

全画幅数码单反相机传感器

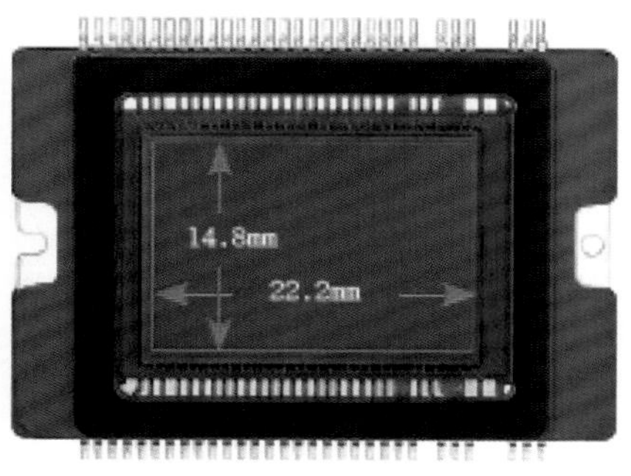

APS-C 画幅数码单反相机传感器

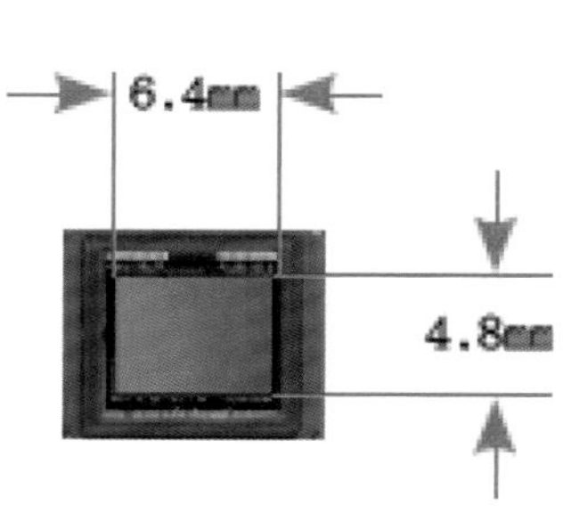

卡片相机传感器

镜头选择优势

玩数码单反相机最大的乐趣之一就在于它有丰富的镜头可供选择，从超广角到超长焦，从微距到柔焦，可以说应有尽有。摄影者可以根据自己的拍摄需要选择合适的镜头种类，享受镜头个性所带给你的独一无二的拍摄体验。这庞大的镜头群不仅可以满足拍摄者的各种需要，而且对于画面品质会产生重大影响，这并不亚于数码传感器对成像效果的影响。对于一部数码单反照相机，一款成像品质好的镜头会比一款成像质量一般的镜头拥有更高的画面品质。因此，当你花高价买了一部数码单反相机的时候，为它选择一款高品质的镜头会让你的器材发挥出更大潜力。

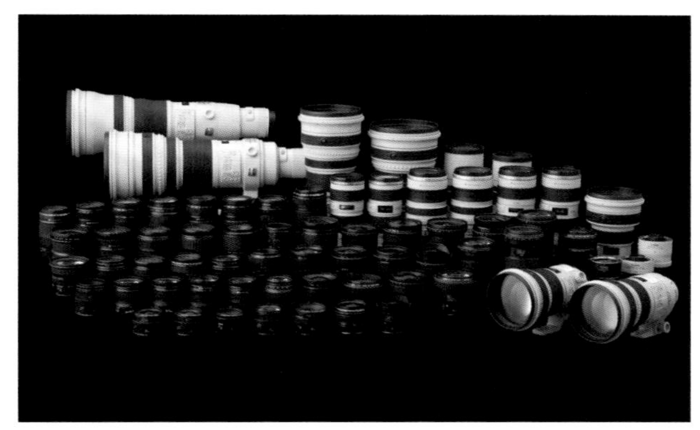

佳能庞大的镜头群，几乎可以满足你对镜头的任何需要

专业级镜头：佳能 EOS 24–70mm f/2.8L II USM 变焦镜头，其卓越的成像能力绝对是你不二之选，但其对应的也是相对较高的售价

反应速度优势

使用过卡片相机的人都会有这样一个不爽的体验，那就是从按下快门到凝固下图像，相机会有一个较长的反应时间，我们称之为快门时滞，这种过长的快门时滞会让我们错失很多精彩的瞬间，尤其是在抓拍的时候。而数码单反相机不仅快门时滞极短，而且反应非常迅速，对焦速度极快，它的这一优势被需要准确抓拍的摄影人，如新闻、体育记者所喜爱。而最能体现这一优势的就是数码单反相机的连拍速度，以专业级佳能数码单反相机 EOS–1D Mark Ⅲ 为例，它的连拍速度可以达到每秒 10 张，而非专业级佳能数码单反相机 EOS 450D 的连拍速度也可以达到每秒 3.5 张，这种高效、迅捷的反应速度足够抓拍生活中大部分的精彩瞬间了。

尼康 D90 的连拍按钮。在选择连怕时，只需按住该键，然后拨动指令盘，选择低速连拍或者是高速连拍即可

光圈：f/4，曝光时间：1/200 秒，感光度：100，焦距：120mm，高速连拍之一

光圈：f/4，曝光时间：1/200 秒，感光度：100，焦距：120mm，高速连拍之二

光圈：f/4，曝光时间：1/200 秒，感光度：100，焦距：120mm，高速连拍之三

手控优势

卡片相机被称之为傻瓜相机，在很大程度上源自它拍摄功能的操控性不够丰富和强大，也就是说大部分都是相机自动完成的，拍摄者很少有干预的机会。而拍摄的大部分乐趣就在于能动性和操控性极高的拍摄过程，卡片相机的自动功能无疑会使拍摄者丧失这部分乐趣。而数码单反相机强大的手控功能可以让拍摄者根据不同的情况进行手动调节，获得最佳的拍摄效果。在数码单反相机众多的手动功能中，曝光和白平衡是重要的两个方面。一个专业的摄影师，能够根据光线环境对曝光和色温作出判断，通过调节曝光数据和校准白平衡实现完美曝光和正确的色彩还原。

曝光补偿控制按钮，帮助拍摄者控制画面的曝光量

曝光拍摄模式拨盘，里面有多种拍摄功能可供拍摄者选择和使用

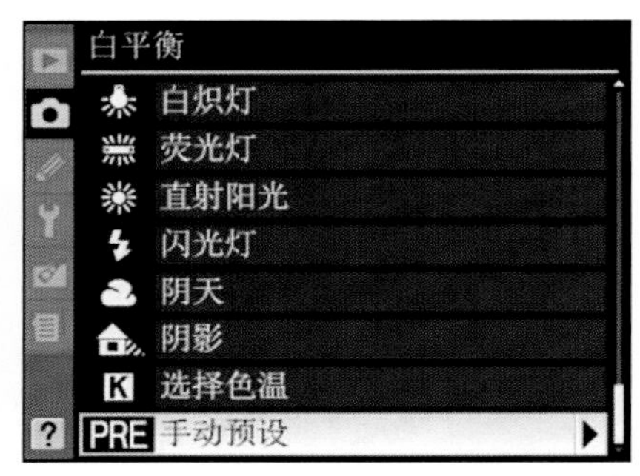

白平衡设置菜单，里面有多种白平衡模式可供拍摄者选择和使用

附件优势

摄影过程是一个立体和系统的过程，在很多时候，一部相机并不能完美地完成拍摄任务，更多情况下还需要附件的支持。而数码单反相机就是一种扩展性极强的器材，除去庞大的镜头群，它还会有一系列的滤光镜，如偏振镜、UV 镜、滤色片等；专业闪光灯，如大功率闪光灯、环形微距闪光灯等；另外还有电池手柄、快门线以及其他的一些附件。这些附件可以帮助数码单反相机满足各种拍摄要求。

其他优势

数码单反相机拥有更坚固的机身，有些型号较高的单反相机，其机身都是镁合金材料制成，不仅抗撞击能力强，而且性能稳定优越，这是便携类数码相机所无法比拟的。

相对于它的优点，数码单反相机的缺点主要在于：
（1）体积大，重量重。
（2）镜头和附件种类繁多，不便携带。
（3）价格昂贵，附带产品投资大。
（4）功能繁多，不易操作，需仔细揣摩，多加练习。

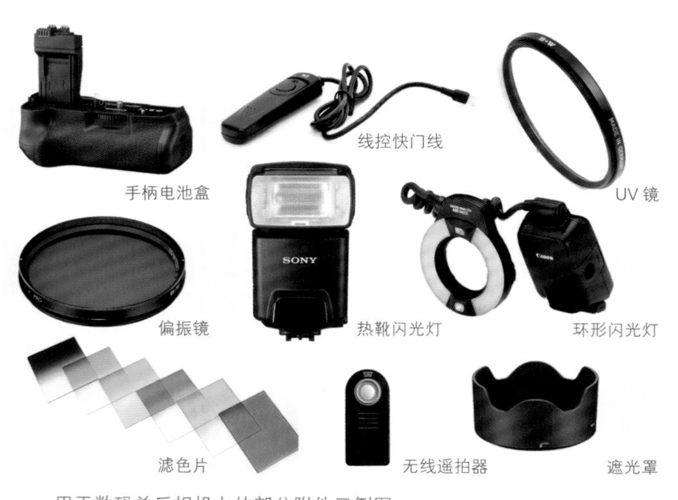

用于数码单反相机上的部分附件示例图

尼康 D300s 金属机身。坚固的镁合金机身，看上去活像一个小机器人。拥有这样一个金属家伙，是不是凭空为自己生出了许多拍摄的自信和力量呢

入门级数码单反相机

入门级数码单反相机是目前市场上品种最丰富的单反机，它因为价格相对便宜、功能相对齐全而被众多单反迷们所拥有，有着广泛的市场空间。在当今市面上，提供入门级数码单反相机的品牌众多，如佳能、尼康、宾得、奥林巴斯、索尼等，而这一块市场也是器材商们竞争最激烈的。他们每年推陈出新，为入门级数码单反相机更新升级，更是为消费者带来了多多惊喜。入门级数码单反相机功能实用，在实际拍摄中所用到的大部分拍摄功能它们都能够提供，在像素方面也不逊色于高端机型，且外观精致，相对比较小巧，售价比较便宜，很适合一般家庭、初级摄影爱好者、学生以及爱时尚爱摄影的女生使用。只是相较于更高端的单反机型，它的主要不足表现在操控手感欠佳，用料做工不够扎实，对严酷环境的适应能力不够强，高速连拍、感光元件以及最高快门速度不及高端机型。尽管如此，它仍然能够完全满足普通大众对于摄影的需要。目前市场上比较热门的入门级数码单反相机有佳能 EOS 600D、尼康 D90、宾得 K200D、索尼 α330、奥林巴斯 E-420 等，这些相机的价位基本都在 5000 元左右。

佳能 EOS 600D 入门级数码单反相机实例图

宾得 K-5 入门级数码单反相机实例图

光圈：f/3.5，曝光时间：1/500 秒，感光度：200，焦距：35mm，使用尼康 D70s 拍摄

光圈：f/2.8，曝光时间：1/400 秒，感光度：100，焦距：35mm，使用尼康 D700 准专业数码单反相机拍摄

准专业级数码单反相机

准专业级数码单反相机相比入门级数码单反相机，在连拍速度、感光度、测光模式、对焦精度、电池的续航能力和对环境的适应能力等指标方面都有了很大的改进，比较适合高级摄影发烧友对相机操控性和可靠性等多方面性能的进一步要求，当然相对应的是它的价格也上升了，有一定经济实力的摄影发烧友或者职业摄影师方有能力购买。在画质方面，准专业级数码单反相机因为配备了全画幅的感光元件而得到了极大的提升。目前市面上比较热门的准专业级数码单反相机有佳能 EOS 5D Mark III、 5D Mark II，尼康 D800、D700，索尼 α900 等，这些相机的价位基本在 1 万—3 万元之间。

尼康 D800 准专业级数码单反相机实例图

佳能 EOS 5D Mark III 准专业级数码单反相机实例图

专业级数码单反相机

专业级数码单反相机可以说集万千宠爱于一身，拥有品牌最新的技术、最坚固耐用的全金属外壳、超好的画面质量、超高的快门速度、高达 15 万次以上的快门寿命、高速的反应能力、超强的防水和防尘功能、100% 的取景视野以及准确的多点双十字对焦系统等，受到众多职业摄影师的青睐。有的机型还配备了无线模块以支持拍摄过程中的无线传输数据，如此强悍的配置，其价格当然非常昂贵，一般都定位在 3 万元以上。使用专业级数码单反相机的摄影师大多都是专业记者、职业摄影师和特种工作人员以及高级发烧友。目前市面上的品牌专业数码单反相机有佳能 EOS-1D 系列，尼康 D2X、D4 等。

佳能 EOS-1D Mark IV 专业级数码单反相机实例图

尼康 D4 专业级数码单反相机实例图

光圈：f/4，曝光时间：1/600 秒，感光度：100，焦距：35mm，使用尼康 D2x 拍摄

选购数码单反相机

如何选购一台适合自己的数码单反相机，是每一个想步入数码单反阵营的摄影爱好者首先要关心的问题，同时也会是一笔不小的开销，尤其对于初学者，为自己选购一台性价比最高的数码单反相机是头等大事，所以了解数码单反相机选购的一些常识非常有用。

购买预算

首先要根据自己的经济承受能力做一个预算，并在预算范围内选购最合适的相机。近几年，入门级的数码单反相机的综合性价比越来越高，而售价却越来越低，对于预算有限的摄影爱好者而言是一个福音，可以更快地享受到数码单反相机带给自己的全新乐趣。在每年，不少相机品牌都会有新机推出，并在价格和性能上大打优势战，其中，入门级数码单反相机竞争最为激烈。佳能公司推出的佳能 EOS 600D，单机售价 4000 元 左右，套机售价 5000 元左右，已是非常实惠。尼康推出的 D90，单机售价 6000 元左右，套机售价 7000 元左右，价格相对略高。在每年都有新机上市的情况下，一些比较经典的入门级数码单反系列的售价甚至已经低于高端的 DC 机器。总之，目前以 5000 元左右的预算完全可以让自己畅享到数码单反相机的经典拍摄感受。当然，对于准专业级数码单反相机和专业级的数码单反相机，以它们的高新技术和优异性能以及服务的人群，在价格上相对稳定，没有入门级数码单反相机的市场特点。但因为日本海啸的影响，很多产自日本的准专业和专业级单反相机如佳能和尼康有价格上升的趋势。

相机性能

很多摄影初学者会认为，相机的像素越高，画面的画质会越好，其实不尽然。虽然像素的高低会对画面品质产生影响，但是从根本上讲最重要的还是感光元件的大小，如果感光元件变大了，虽然像素数没有小感光元件的像素数多，但画面品质依然较高。况且就目前数码单反相机的像素数而言，经过不断更新升级，基本上都已经达到千万像素，如佳能 EOS 550D 的有效像素数为 1010 万，而升级了的 EOS 600D 的有效像素已经增加到 1800 万，所以就入门级数码单反相机而言，像素的多少已经不是一个问题了，也不是选购时的唯一标准。每一款数码单反相机都有自己的主要性能和特征，在购买前，你需要做的是了解它们的差异，并根据这些差异找到适合自己的一款相机。这些信息你可以通过网络进行了解，看看业内人士对相机的评价，包括相机的感光元件、有效像素、最高分辨率、最高快门速度、感光度、对焦系统、测光、曝光、连拍能力、LCD 显示屏尺寸、取景器、摄像以及一些特有功能等。对这些性能参数有一个基本了解后，你就可以根据自身的情况作出合适的选择了。

不过，对于摄影初学者来说，一台入门级的数码单反相机已足以满足各种拍摄需要了，它丰富的拍摄功能和优异的拍摄性能，不管是感光元件的使用还是有效像素的多少，不管是快门速度的高低还是对焦速度的快慢，虽然各大品牌相机都有自己的卖点，但机器性能在整体上都已相差不大。只是在购买时还需要考虑机身的防水性和坚固性，因为在相机的使用过程中，很有可能会碰到阴天下雨、潮湿有雾的天气，如果相机的防水性不强，很容易损坏到相机的内部；或者相机不小心被磕碰、撞击，如果它的抗撞击能力不强，也很容易损坏掉。此外，还要考虑到相机镜头，因为数码单反相机最大的优势就在于可以更换不同的镜头，所以一定要确认相机是否除本厂镜头外可以安装其他副厂生产的镜头，这非常重要，一方面可以保证你有最丰富的镜头选择权，另一方面，原厂镜头一般都会比副厂镜头贵很多，在你财政紧张的时候，副厂镜头完全可以买来替用，成像质量不会差。比较有名气的副厂镜头品牌有卡尔蔡司、福伦达、腾龙、适马等。

区别行货与水货

很多摄影人在购买相机时都会在意是行货还是水货，但如何区别和鉴定往往不知道，只是听卖家在说明，难免会心生疑虑。下面我们就如何区别行货还是水货作一些说明，帮助大家在选购时做到心中有数。

（ 1 ）包装盒。

当拿到相机时，首先要查看包装盒，正规的行货在包装盒上都采用中文或中英文相结合的方式印刷。此外要注意查看包装盒的密封处，正规行货往往在盒子的密封处都贴有标签，打开盒子需要撕开标签，这些标签通常是代理商的名号。

佳能 EOS 600D 行货正品包装盒

（2）说明书和保修卡。

打开包装盒后，首先要仔细检查的是说明书和保修卡。正规行货的说明书都采用中文印刷，有的相机还会配备中文、英文等语言印刷的说明书。而水货一般不具有中文说明书，即使具备，也往往是后期私自印刷的，纸张以及印刷质量一般都会比较差。行货都会有保修卡，有关保修的规定和维修记录等详细信息都会有细致的描述，此外还会列有各个城市指定的维修点以及加盖合法的保修印章。

（3）相机菜单。

在国内销售的正规行货都具有中文菜单。首先打开相机，进入相机的菜单界面，并在相机内部的设置菜单中选择“LANGUAGE/语言”选项，如果其中没有中文菜单选项，那么基本就可以确定这款相机为水货了。

（4）厂商的免费电话。

每一台相机在出厂的时候都会有自己的“身份证”，一列独一无二的编号，这个是验证行货还是水货的最保险、最简单，也是最有效的方法。因为厂家会把销往不同地区的相机编号进行登记汇编，输入电脑存档，你可以拨通他们的免费电话报上相机的编号进行相关的咨询，服务人员会很快为你调出相机的售往地，从而确定它是行货还是水货。咨询电话一般都会标注在相机盒或者保修卡等显眼位置，在购买时可以直接拨打确认。

其实行货与水货的最大区别就在于质量有保证，并有完善的售后服务。虽然水货会比行货便宜许多，但是相机作为精密的电子产品，一旦有问题，维修起来会非常麻烦，而且维修费很高，而享有完善售后服务的行货就可以轻松解决这一问题。所以，为了后期使用的安全性和保障性，还是建议大家购买行货。

认识感光元件（CCD 和 CMOS）

普通大众对相机的胶卷可能都有直观认识，胶卷是传统相机成像的载体，一个胶卷约有 36 张底片，也就是说可以拍摄 36 张照片。而数码相机中感光元件的作用也就等同于胶卷，不同的是它不必一次次更换就可以一直使用下去。简单来说，传统底片是通过光线在银盐层上发生化学反应，将光线中的明度和色彩记录在底片上，而要想观看图像效果，则必须通过化学显影的方式来使影像显现在底片或相纸上。感光元件则是在一定规律的运算下，将光线转换成电荷信号进行采集，然后转换为可见的电子格式后保存在数码相机的存储器里，并通过数码相机的液晶显示屏显示图像效果。这一过程是一种纯物理过程，它这种即拍即看的特性为拍摄者带来了极大便利。

感光元件可以说是数码单反相机的心脏，目前主要分为两种：一种是 CCD（电荷耦合元器件），另一种是 CMOS（互补型金属氧化物半导体）。

感光元件实物图

感光元件 CCD

CCD 是 Charge Coupled Device（电荷耦合元器件图像传感器）的英文缩写，在 1969 年由美国的贝尔研究室开发研制。面世之初，CCD 还不是很成熟，并没有得到应有的重视，直到 20 世纪 80 年代后期，技术日渐成熟，高分辨率和高品质的 CCD 产生，并呈现出小型化的变化趋势。到 20 世纪 90 年代后期，CCD 技术开始突飞猛进地发展，百万像素和高分辨率的 CCD 被不断地制造出来，且单位面积变得越来越小，此项技术才逐渐拥有了实用意义，并被应用在消费级数码相机的身上。期间，索尼公司为了在 CCD 面积减小的情况下提升图像的成像能力，于 1989 年开发研制了 SUPER HAD CCD，此后，NEW STRUCTURE CCD、EXVIEW HAD CCD 和四色滤光技术（索尼 F828 专有）也相继出现，富士则采用超级 CCD（Super CCD）和超级 CCD SR。

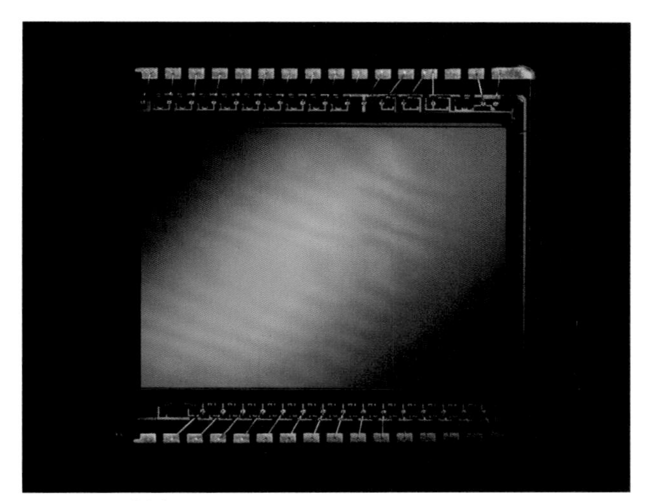

Super CCD 实例图

CCD 实际上是使用一种高感光度的半导体材料制成的，即由大量微小的光电二极管和译码寻址电路构成的固态电子感光成像部件，通过光电二极管特有的排列方式排布组成，它能把光线转变成电荷，通过模数转换器（A/D）芯片转换成数字信号，这些数字信号经过压缩后由相机内部的存储介质和各类存储卡保存，所以就可以非常方便地将数据传输到任何有储存介质的数码设备和产品上，如电脑，从而实现对图像的保存或者通过后期软件处理图片，达到更理想的图像效果。

类似于胶片的银盐颗粒，CCD 感光元件也是由许多感光单位组成的，我们通常称之为像素，以百万单位计。当 CCD 受光时，感光单位就会感光，并将电荷反映在组件上，所有的感光单位组合在一起，就构成了一幅画面。由于 CCD 感光元件采用的是单一通道，因此光效率较低，而且传送电荷需要电压的支持，所以会耗费较多的电量，但是单一通道在信号传输中可有效减少电荷放大时产生的噪音。

感光元件 CMOS

CMOS 是 Complementary Metal-Oxide Semiconductor（互补金属氧化物半导体）的英文缩写，诞生于 20 世纪 80 年代，它和 CCD 一样，都是数码相机中可以记录光线变化的半导体，只不过它诞生的较晚，属于后来者，但却有后来者居上的气势。刚开始，CMOS 被用作电脑上的一种重要芯片，随着科技的发展，它逐渐演变成了一种重要的感光元件，其芯片功能逐渐消失。相比 CCD，CMOS 的工作原理更加简单，它主要是利用硅和锗两种元素制成的半导体，这种半导体自带的 N 极和 P 极由于互补效应产生电流，可被处理成芯片，记录和解读影像。目前，CMOS 可以分为被动式像素传感器和主动式像素传感器两种，它的工作原理与 CCD 的不同在于，CMOS 的每个像素都如同一个放大器，信号在最原始的时候已被直接转换，更方便读取。传输已经过转换的信号，不需要过高的电压，因此就省电，不过它会因为电流变化过于频繁而产生过热现象，以及像素本身的放大器功能而容易导致噪点的产生。

尼康 D3s FX CMOS 感光元件实例图

CMOS 便于大规模生产，成本较低，这是因为它的结构相对简单，可利用现有的半导体制造流水线，不需要额外投资生产设备，且品质可随半导体的技术不断提升，所以它在数码相机领域占有一席之地，目前很多数码单反相机都采用 CMOS 传感器。且随着 CMOS 的不断发展，高动态范围的 CMOS 传感器已经出现，它满足了对快门、光圈、自动增益控制和伽玛校正的需要，更加接近 CCD 的成像质量，与停滞不前的 CCD 相比，CMOS 更具有发展潜力。

CCD 与 CMOS 之比较

相比 CCD，CMOS 在生产、成本控制和发展潜力上都具有先天优势，这是因为：（1）CMOS 可以在不改变生产流水线的情况下进一步提高像素数，工艺改良也简单。而 CCD 要想增加尺寸，必须对生产线进行相应调整，这会增加生产成本，这也是高像素的 CCD 价位居高不下的原因所在。（ 2 ）CMOS 的像素数增加与传感器尺寸的增加是相辅相成的，所以更容易生成像素高、画幅大的感光元件。这在当前市场上的专业级数码单反相机中已有应用，如尼康 D4 等。综合来看，CMOS 会凭借它的自身优势在数码单反相机产业中引领多元化趋势，而 CCD 产品因为质量和产能都还过硬，在市场上还会存在很长时间。

Super CCD 与 Super CCD EXR

Super CCD EXR 标识

在数码器材界，感光元件的大小始终是评价一台数码单反相机的重要指标，甚至是决定相机成像质量的基本标尺。富士的数码单反相机 S 系列一直以颜色还原真实、成像素质优秀著称，原因在于富士独有的 Super CCD（超级 CCD）技术和拥有高动态范围的 Super CCD SR 技术。它可以在传统 CCD 基础上提升动态密度，使照片获得更多的细节，基本上可以与传统胶片相媲美，可以在非常微弱的光线条件下记录下暗部大量的细节。在 2008 年下半年，富士又发布了全新的具有革命性意义的图像传感器 Super CCD EXR，这是一种具有超高影像品质的图像传感器。相比 Super CCD，它有三方面的改进：（ 1 ）“像素对”技术实现超高感光度和超低噪点。（ 2 ）“双重捕捉”技术实现超高动态范围。（ 3 ）“精细捕捉”技术实现超高分辨率。

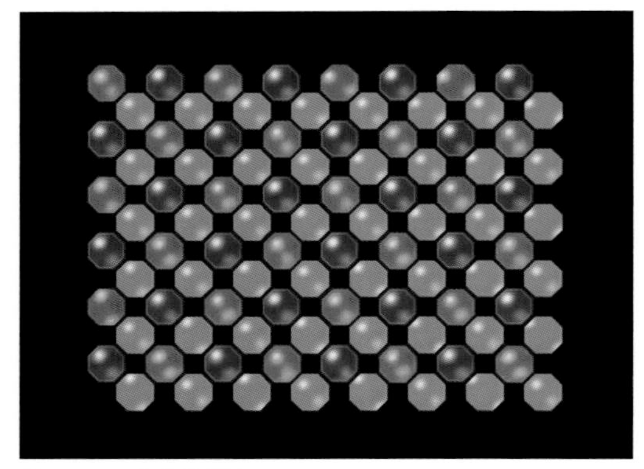
普通 CCD 像素排列

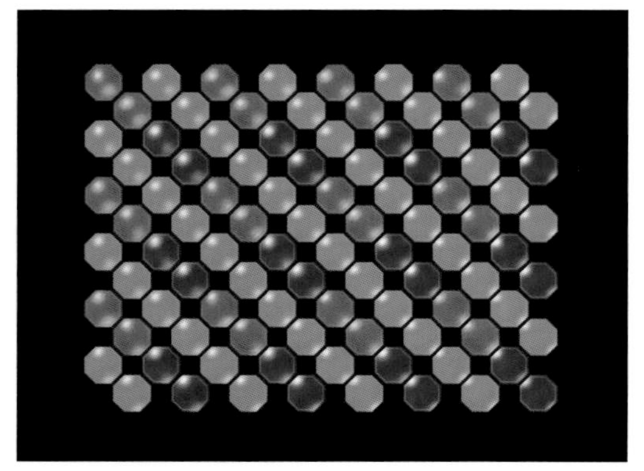
EXR 像素排列方式，这种“像素对”的排列方式，可以获得更高的感光度和更低的噪点

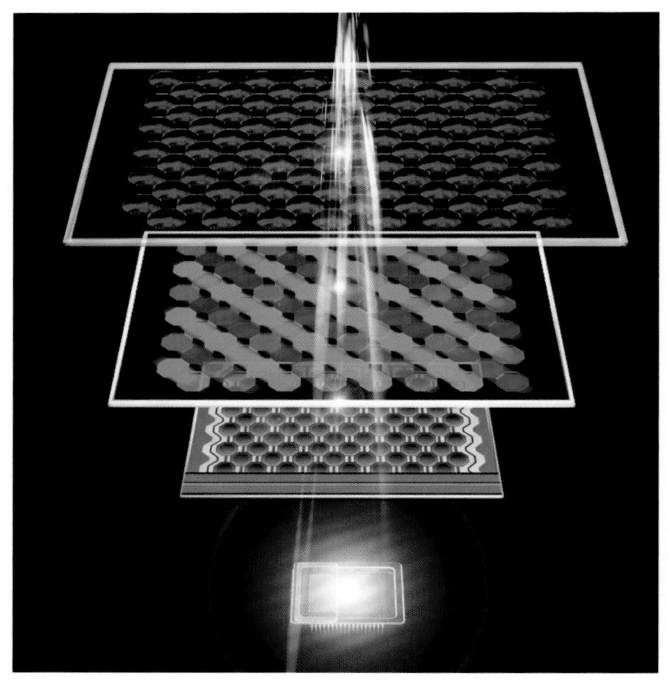
Supper CCD 构造图

画幅

画幅是指感光元件的尺寸大小，对于数码单反相机来说，画幅分为 –APS 非全画幅、4/3 系统、全画幅三种，不同型号的相机会有不同的画幅。

APS–C 画幅

APS 是 “Advance Photo System” 的缩写，诞生于胶片年代，是一种胶片规格标准，共有三种尺寸：C 型、H 型、P 型，后被 DSLR 开发商，包括富士、佳能、柯达、美能达、尼康五大公司共同开发，成为 –APS 非全画幅系统，在国内被翻译为“APS 先进摄影系统”。其中，H 型是满画幅（30.3mm×16.6mm），长宽比为 16 ∶ 9，C 型是在满画幅左右两端各挡去一部分，长宽比为 3 ∶ 2（24.9mm×16.6mm），与 135 底片同比例，P 型是满画幅上下各挡去一部分，长宽比为 3 ∶ 1（30.3mm×10.1mm)，被称为全景模式。DSLR 开发人员借用 APS 的概念，将配备了接近 C 型尺寸的 22.5mm×15.0mm 或者 13.6mm×15.8mm 感光元件的数码单反相机称为 APS–C 画幅数码单反相机。而现在市场上大多数入门级数码单反相机的感光元件采用的都是 APS–C 画幅。

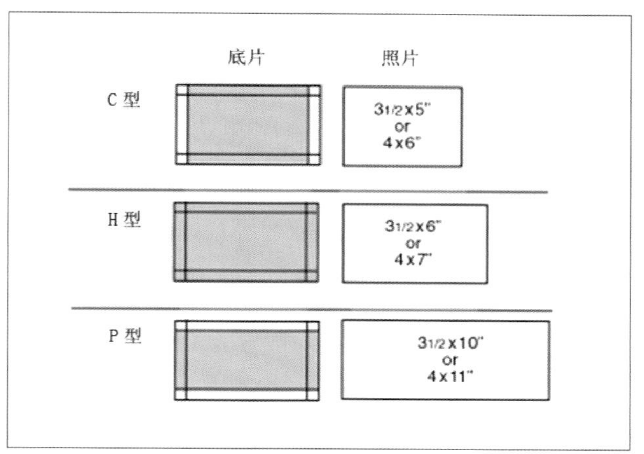

APS 非全画幅规格图

光圈：f/2，曝光时间：1/600 秒，感光度：200，焦距：35mm，使用 APS–C 画幅尺寸的传感器拍摄

4/3 系统

4/3 系统采用“4/3 型规格感光元件”，是由奥林巴斯、柯达和富士胶片共同开发的，具备可换镜头功能的数码单反相机新标准，其画面比例为 4 ：3（18mm×13.5mm）。它是传统胶片尺寸的一半，其镜头焦距转换率为 2，可以实现机身和镜头的高性能化以及小型化、轻量化。目前该系统主要的推广厂家是奥林巴斯和松下，具有代表性的产品是松下结合徕卡技术开发的数码单反相机 L1。此外，因为该系列相机的镜头与机身卡口采用公开标准，所以“4/3”规格还可以与其他厂家的相机和镜头进行互换使用。

奥林巴斯为 4/3 系统开发的 ZUIKO DIGITAL 系列镜头已初具规模，数量可达到 15 款之多，其小型化、实用化、高速化的产品宗旨，为它们带来不少拥护人群。

综合比较，4/3 系统主要优势有：

（1）该系统下的数码单反相机更加小型，与普通 DC 机差不多大，更方便携带。

（2）该系统下的相机标准统一，镜头卡口一致，所有镜头制造厂家都可应用。

（3）该系统的另外一个标配技术是超声波除尘，在所有该系统下的器材都有应用。

（4）该系统镜头组件在最小角度或倾斜状态下让直接进入图像传感器的光线最大化，提升图像质量。

4/3 联盟标志

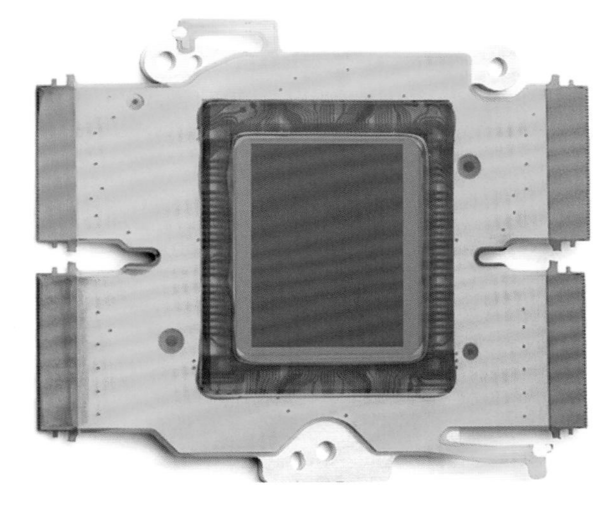

4/3 系统传感器实物图

光圈：f/11，曝光时间：1/300 秒，感光度：200，焦距：35mm，使用 4/3 系统传感器拍摄

全画幅

全画幅是指数码单反相机传感器的尺寸与135传统胶片尺寸基本一致的画幅尺寸，为36mm×24mm。相比–APS画幅，全画幅具有明显的优势，表现在：

（1）感光元件尺寸大，所获图像的细节呈现更加细腻，层次更加丰富。

（2）镜头焦距转换率达到1：1，不必再乘以特定的转换系数，这样广角镜头的功能就可以完全发挥出来。

（3）感光面积的增大使每一个感光点的面可以排列得更加舒缓，在传输中可以保证更加清晰的画面细节，感光度范围得到提升，图像噪点和紫边现象大为减少，画面质量得到提高。

（4）大的感光面积使得单位面积上的图像颗粒更为细腻均匀，整体色彩更加丰富。

（5）大尺寸的感光元件可以获得更大的动态范围，能够把暗部细节更加充分地表达出来。

它的缺点是生产成本高，工艺复杂，售价高昂，直到2008年下半年，价格相对便宜的全画幅数码单反相机尼康D700、索尼α900的出现，才揭开了平民级全画幅数码单反相机的新局面。

全画幅传感器实物图

光圈：f/2，曝光时间：1/800秒，感光度：200，焦距：35mm，使用全画幅尺寸传感器拍摄

噪点

噪点又称为噪音、噪声，是指感光元件将光线作为接收信号后，在传输过程中产生的粗糙细节，或者是受电子干扰而产生的影响图片质量的种种因素，在图像上呈现为均匀分布的小颗粒，一般在图像放大到原大或者倍数放大时，观察效果更明显。噪点的形成会影响画面的品质，严重时会使照片产生无法挽救的损失而无法再使用。所以了解噪点的产生原因和缓解方法非常有用，下面将对噪点的产生原因进行分析：

高感光度产生噪点

在某一拍摄条件下，如果一定要通过提高感光度来实现拍摄，比如在黑暗的环境下拍摄，若没有三脚架，最简单有效的方法就是提高感光度来提高快门速度，保证画面清晰，但是这样做伴随的是画面颗粒的产生，也就是会形成噪点，这是不可避免的。提高感光度一定会使噪点增加，感光度越高，噪点越明显，这是因为感光度提高，相应的曝光时间会缩短，画面细节的记录会变得粗糙，随着感光度的不断提高，画面细节的损失会越来越严重。所以，拍摄者在拍摄时要尽量使用低感光度数值，保证画面清晰的同时，也带来最细腻和丰富的画面效果。

感光度在 800 时，一般的数码单反相机都会出现明显的噪点

局部放大效果图。画面充满了噪点，严重影响了画质

长时间曝光产生噪点

长时间曝光的情况主要出现在夜景等光线暗淡的情况下，尤其是在夜晚拍摄时，因为 CCD 的特性，它无法及时处理慢快门所带来的巨大工作量，所以会使很多像素失去控制，不可避免地会造成画面细节的损失。针对这一“痼疾”，数码相机生产厂家也做出了解决的方案，那就是为相机增加降噪功能，俗称软件降噪，这个功能可以在相机记录影像之前就对图像作除噪处理，但往往需要花费较多的时间，也就是说这一功能会延长拍摄时间。

曝光时间 1/2 秒，加之夜色降临，很容易为画面带来噪点

局部放大效果图。我们看到画面中布满了噪点

锐化产生噪点

相机在进行内部锐化处理时，会加剧画面噪点的产生。所谓相机的锐化处理，其实就是通过图像处理芯片对原始图片进行处理，通过增加图像反差，增强景物边缘的清晰度而得到一种清晰鲜明的图像效果。但这一过程往往会造成图像噪点，当然也并不是所有的锐化都会造成噪点，重要的是一个“度”。如果是根据画面的整体效果对景物色彩边缘进行适当的锐化处理，会提高画面的视觉冲击力。因此，锐化处理是一把双刃剑，使用者要仔细把握好尺度。

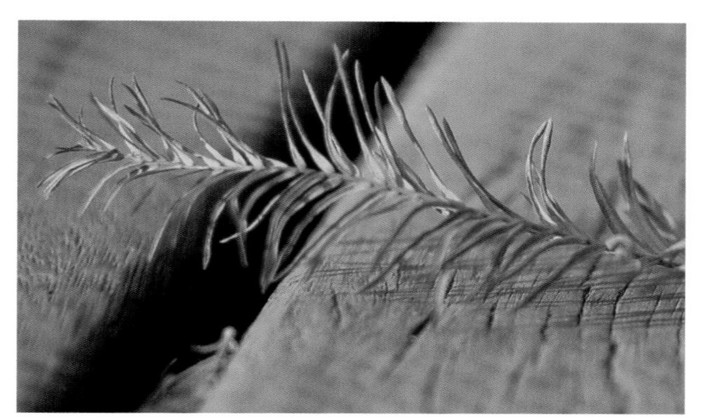

原图

经过锐化后的画面，噪点已经有所显现

加深锐化后，噪点明显显现

JPEG 格式压缩产生噪点

JPEG 存储格式是一种压缩格式，在生成时会将原始画面中的部分信息过滤，这一过程会带来噪点，这与锐化产生噪点的原因类似。因为 JPEG 格式的压缩原理是以上下左右 8×8 个像素为一单位进行处理的，在这个单位的边缘与下个压缩单位的结合处就会产生相应的图像噪点，我们称之为马赛克噪点。JPEG 的压缩比越高，马赛克噪点就越明显。不过，平时在显示器中缩小预览时，基本不可辨，只有放大查看时，效果才会显现。要避免这一过程产生噪点，可以选择低压缩或者无压缩的存储格式，如 RAW 格式存储。

JPEG 格式图

经过放大裁切后的画面，噪点比较明显

LCD 显示屏

数码单反相机实现了一种可能，就是即拍即看，而将这一可能变为现实的就是 LCD 显示屏。它被安装于数码单反相机的背部，以一块 2.5 英寸、25 万像素甚至更大、像素数更高的液晶屏幕提供一个显示的空间，实现照片回放与相机功能和菜单的设置。对于大部分数码单反相机而言，很难像数码卡片机一样，可以通过 LCD 显示屏实时取景，只能通过取景窗拍一张回放一张看效果。但是，随着数码单反技术的不断发展，奥林巴斯 4/3 系统的数码单反相机率先实现了实时取景功能，并可以翻转显示屏，为数码单反相机的取景方式带来了革命性的转变。而现在，已有越来越多的数码单反相机实现了 LCD 显示屏实时取景功能。

红色框取的部分就是数码单反相机的 LCD 显示屏

奥林巴斯 E-5 可翻转屏幕实例图

快 门

快门是照相机控制曝光时间的一种机械装置，它与光圈相互配合，实现完美曝光。它一般由金属、织物或其他合成材料制成，按照快门结构和安装位置可被分为镜头快门和焦平面快门两种。

镜头快门是指快门安装在镜头附近的快门，多见于 120 相机和大画幅相机，其中置于镜头内的又称为镜间快门，置于镜头后侧的又称为镜后快门。镜头快门的优点是：

（1）通过快门的光线可以同时到达感光平面的各点，使整个画面同时曝光，均匀性好。

（2）其全开状态可实现全速段闪光同步，且工作平稳，振动较小，更容易实现清晰拍摄。

（3）镜头快门都在相机或镜头内部，不易受外力破坏，且都是独立部件，易于更换和维修。不过相对应的缺点是无法拥有过短的曝光时间，最高快门速度只能维持在 1/250 秒—1/500 秒，且会使镜头体积增大，价格增高。

镜头快门内部结构图

拥有镜间快门的玛米亚 70mm 镜头

焦平面快门则是指快门位于胶片或感光元件之前的焦平面附近，分为横走式帘幕快门和纵走式钢片快门两种，这多见于 135 照相机，其中纵走式钢片快门成为新型数码单反相机的标准配置。焦平面快门的优点是：

（1）逐段式曝光可以得到更高的快门速度，一般的数码单反相机的最高快门速度可达到 1/2000 秒—1/12000 秒。

（2）可以使用更加小巧、光圈孔径更大的镜头。

（3）快门速度与镜头光圈不再发生内在牵扯，可以更加严格地控制曝光。相对应的缺点是无法在中高速度段实现闪光同步，横走快门的最高闪光同步速度只能达到 1/30 秒—1/90 秒，纵走快门的最高闪光同步速度也只有 1/60 秒—1/400 秒。此外快门运动时产生的振动会比较强，这会影响画面的清晰度。

纵走式钢片焦平面快门实物图

焦平面快门装置在照相机中所处的位置

光圈：f/22，曝光时间：1/15 秒，感光度：200，焦距：35mm，使用纵走式焦平面快门拍摄

镜 头

镜头是摄影初学者必须要了解和掌握的器件，没有镜头便没有拍摄的可能，同时镜头质量的好坏在一定程度上也直接决定了图像画质的优劣。然而，现在市面上的镜头种类纷繁复杂，这很容易让刚进入摄影殿堂的初学者摸不着头脑，面对镜头感慨兴叹，不知道该如何辨识、选择和使用。下面就对镜头的一些常用知识，如镜头的构造、口径、英文标识和数字的含义、光圈、焦距、类型等详加阐释，帮助大家了解和认识镜头，选择适合自己的镜头，拍出优质的画面影像。

镜头构造

镜头主要由四个部分组成：光学镜片、调焦机构、光圈和镜筒。光学镜片是镜头的心脏，以单个透镜或透镜组的形式，按照光学计算公式所得的空间间隔进行排列、装配而成。调焦机构主要是依靠调焦环改变透镜与胶片或 CCD 间的距离，实现变焦。光圈则是由若干叶片组成，中间留有八角形孔或圆形孔，改变孔径大小可调节进入相机的光线多少。镜筒包括透镜镜框、镜筒调焦环和光圈调节环、滤光镜圈、机身连接卡口等。

镜头构造

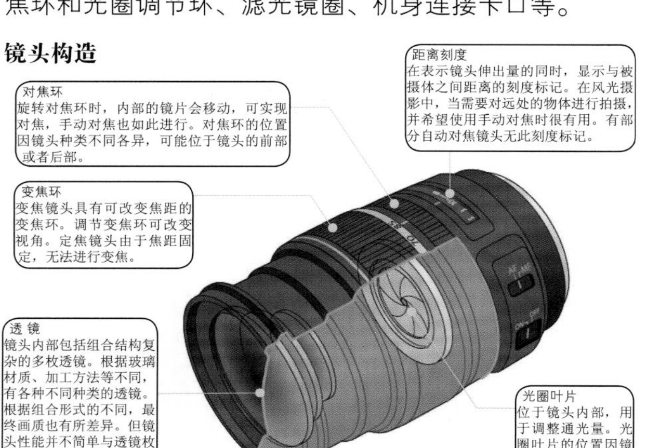

镜头口径

认识镜头口径的目的是为了避免配置滤镜等附件时出现规格不一的问题，这一点很容易被初学者忽视，造成不必要的麻烦。镜头口径指的是镜头口的最大直径，镜头口径数值一般都会在镜头口处有标注，在选择滤镜等装配在镜头上的附件时，一定要查看所配镜头的口径数值，选择与镜头口径数值一致的滤镜，方能准确安装。通常来讲，数码单反相机镜头口径可以有以下几种常见规格，分别是 58mm、62mm、67mm、72mm、77mm、82mm。如若不小心购买了与自己的镜头口径不一致的滤镜附件，也不必惊慌，可以去商店选择一款转接环，转接环可以将镜头口径转换为滤镜适合的口径大小，然后准确安装。

红框标记的数值就是镜头的口径大小值

金属转接环

标识含义

当我们拿到一款镜头后，会发现在镜身各处标有很多英文标识和数字符号，很多初学者往往对这些标识深感陌生和不解，这影响了初学者解读镜头信息的能力和信心。其实，镜身上的所有标识都是对镜头的一种说明，犹如镜头的“身份证”一样，展示了有关镜头的一切。下面就来了解镜头的这些标识的含义。

Nikon AF-S VR 70-200mm 1 ：2.8G IF ED 变焦镜头局部放大图，可以详细观看相关标识

Nikon AF-S VR 70-200mm 1 ：2.8G IF ED

Nikon AF：指尼康自动调焦镜头。
S：指镜头搭载有超声波调焦引擎。
VR：指镜头搭载防震修订装置，可有效防抖。
70-200mm：指焦距为 70-200mm 的远摄变焦镜头。
1 ：2.8：指最大光圈为恒定光圈，数值为 f/2.8。
G：指镜头为无手动光圈调节环的 G 型。
IF：指镜头在调节焦距时，镜筒不会伸缩的内聚焦方式。
ED：是尼康独有的技术，指特殊低色散涂层处理。

Nikon AF-S VR 70-200mm 1 ：2.8G IF ED 变焦镜头

光圈：f/2.8，曝光时间：1/90 秒，感光度：100，焦距：70mm，使用 Nikon AF-S VR 70-200mm 1 ：2.8G IF-ED 变焦镜头拍摄

光圈：f/2.8，曝光时间：1/150 秒，感光度：100，焦距：70mm，使用 Canon EF 70-200mm 1 ：2.8L IS USM 变焦镜头拍摄

Canon EF 70–200mm 1 ： 2.8L IS USM

Canon EF：指佳能 EF 卡口的自动调焦镜头。
70–200mm：指焦距为 70–200mm 的远摄变焦镜头。
1 ： 2.8：指最大光圈为恒定光圈，数值为 f/2.8。
L：代表佳能最高等级 L 镜头。
IS：表示镜头搭载了防震修订装置，可有效防抖。
USM：指镜头装载有超声波调焦引擎。

TAMRON AF 19–35mm 1 ： 3.5–4.5 77

TAMRON AF：指腾龙自动调焦镜头。
19–35mm：指焦距为 19–35mm 的广角变焦镜头。
1 ： 3.5–4.5：指最大光圈为变动光圈，在最短焦距 19mm 时，最大光圈为 f/3.5，在最长焦距 35mm 时，最大光圈为 f/4.5。
77：指镜头口径为 77mm，可装置口径为 77mm 的滤镜。

Canon EF 70–200mm 1 ： 2.8L IS USM 变焦镜头

TAMRON AF 19–35mm 1 ： 3.5–4.5 77 变焦镜头

光圈：f/3.5，曝光时间：1/200 秒，感光度：100，焦距：35mm，使用 TAMRON AF 19–35mm 1 ： 3.5–4.5 77 变焦镜头拍摄

小贴士

佳能镜头标注用词解析：

EF：是指佳能自动调焦镜头的卡口规格，以前佳能的手动调焦镜头采用的是FD卡口，佳能FD卡口的镜头与EF卡口的镜头不能在照相机上互换使用。

EF-S：数码专用镜头卡口，支持EF-S卡口的照相机（40D、400D、450D等）可以使用以前的EF卡口镜头，但EF卡口的照相机（胶片机、EOS-1D级、1Ds级、5D等）却不能使用EF-S镜头。

L：表示的是镜头使用低屈光度超低色散镜头和非球面镜头，是集佳能的所有电子、光学技术于一身的最高档镜头。“L”用红色标注在镜头最大光圈的后面。

USM：超声波调焦引擎，调焦时几乎不发出声音，用超声波驱动镜头，可实现高精确度、高速驱动、低噪音、低电耗的目的。

FT-M：全时手动调焦。在使用自动调焦镜头时，为了手动调焦，需要先操作AF/MF按钮，FT-M无需如此，即使在自动调焦过程中，也能随时手动调焦。

IS：影像稳定器，该功能在相机1/30秒以下的快门速度中能感知到镜头晃动，并向晃动方向的反方向进行屈光，保证影像清晰。

I/R：意指内部调焦或后部调焦，该调焦模式可以避免调焦时镜头外凸，方便使用偏振镜。

尼康镜头标注用词解析：

AF：是指尼康自动调焦镜头的卡口规格。尼康镜头的卡口都可以互换，手动调焦镜头也可以用于数码单反相机上，只是不能实现自动对焦。

AF-S：是指镜头采用了无噪音超声波驱动引擎。

G：指尼康镜头中的G-Type镜头，这种镜头不含有光圈手动调节环，镜头光圈完全依靠机身上的标度盘进行电子控制。

DX：是CCD比35mm胶片小的数码单反相机（APS-C画幅）的专用镜头，该镜头用在全画幅数码单反相机或135胶片相机上时，画面四周会变暗，出现暗角。

VR：减震功能，该功能可以感知机身和镜头因为拍摄带来的细微震动，并对震动进行修正。

IF：被称为内部调焦或内调焦，可以避免调焦时镜筒外凸，所以变焦拍摄时镜头长度不会产生变化。

ED：该种镜头选用了屈光度低的超低色散功能，色差修正效果出色，在远摄镜头和变焦镜头中可展现出色的效果。

光圈

光圈是镜头的一个重要组成部分，它由若干叶片组成，在旋转镜头上的光圈调节环时，这些叶片构成的小孔会发生大小变化，并以此来控制进入相机内光线的多少。光圈孔径的大小由光圈f系数来表示，f系数值越小，表示光圈孔径越大，f系数值越大，则表示光圈孔径越小。光圈的这一关系让很多初学摄影的人不太习惯，但只要明白光圈孔径和光圈系数的内在关系就容易理解了。之所以系数值与光圈大小成反比，是因为光圈系数f是镜头焦距与光圈孔径的比值关系。控制光圈大小可以有效控制进光量，从而对曝光进行控制。此外，光圈的大小变化对画面的景深也会有直接影响，大光圈产生小景深，小光圈产生大景深，这在拍摄时可以注意观察和比较。

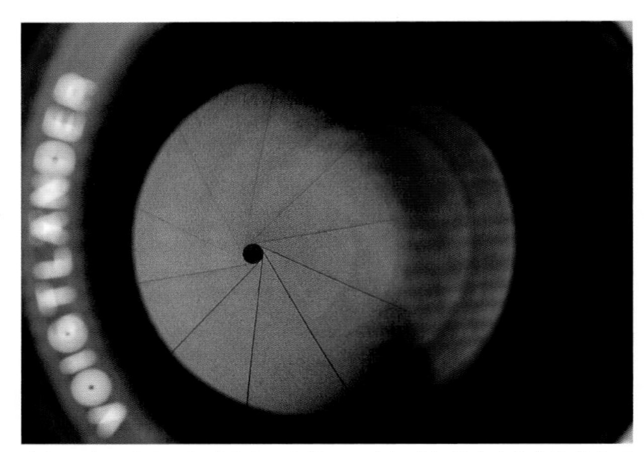

由若干金属叶片所组成的光圈实物图，中间孔径的大小依靠旋转光圈环来调节。孔径在大小变化中的形状越规则，表示该镜头的控光性越准确，镜头品质越高，这可以作为选购镜头的参考标准之一

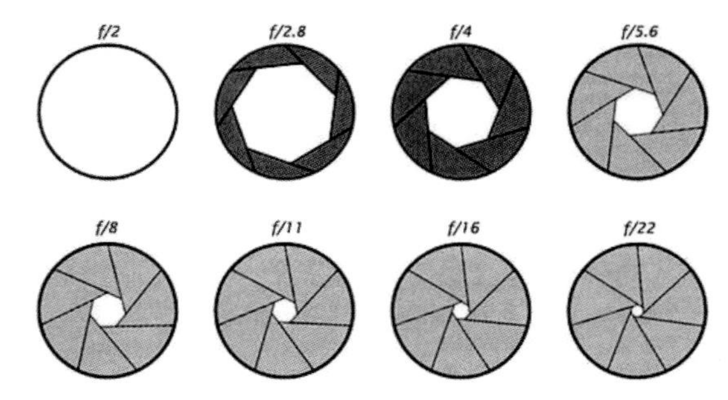

f系数值越大，表示光圈孔径越小，同一时间内进光量就越少，这预示着胶片或感光元件要准确曝光可能需要更长的曝光时间

焦 距

关于镜头，平时听到最多的可能就是“焦距是多少”等话语了，如 50mm、70–200mm 等，那么焦距到底是指什么呢？焦距的多少对于拍摄有什么影响呢？焦距的定义是指从透镜中心到光聚集至焦点的距离，也是镜头中心到胶片或者 CCD 等成像平面的距离。镜头焦距的长短变化会影响取景视角、景深、成像和画面透视的大小。镜头焦距越长，取景视角越小，景深也越小，主体成像越大，画面透视感越弱；相反，焦距越短，取景视角会越大，景深越大，主体成像越小，画面透视感越强。

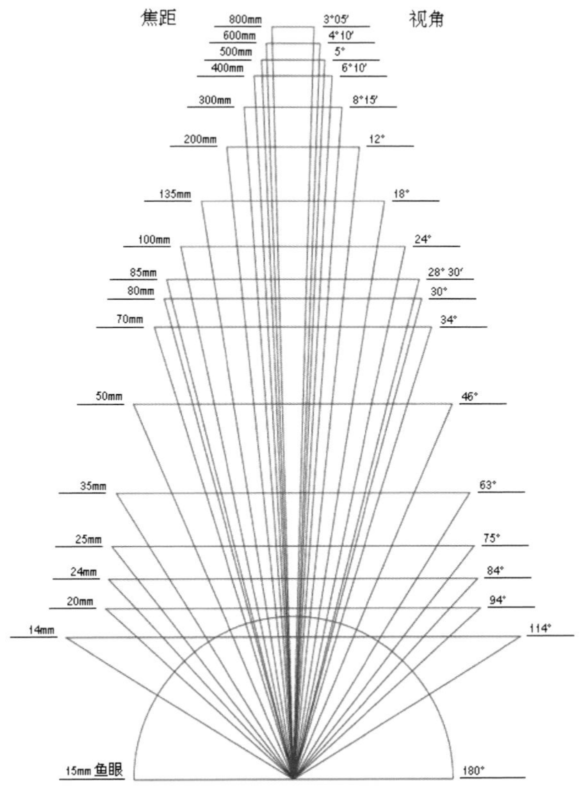

不同焦距所对应的视角大小效果图

焦距转换系数

在购买数码单反相机和镜头时，都会听到有关镜头焦距转换系数的问题，很多摄影入门者对这个系数表示困惑。焦距转换系数之所以存在，是因为传统 135 胶片相机的胶片面积与数码单反相机（APS–C 画幅）的 CCD 面积不一致所致。传统 135 胶片相机或者全画幅数码单反相机的胶片大小是 36mm × 24mm，而 APS–C 画幅的数码单反相机的 CCD 面积小于 36mm × 24mm，所以两者装配同一款镜头拍摄时，APS–C 画幅的成像范围要小于全画幅相机，要想得到与全画幅相机同等的成像范围，就需要将镜头的焦距乘以一个转换系数，来得到一个与全画幅相机等效的焦距。用公式表示为：APS–C 画幅镜头等效焦距 =APS–C 画幅的镜头焦距 × 镜头转换系数（佳能的镜头转换系数为 1.6，尼康的为 1.5）。例如尼康 APS–C 画幅的镜头焦距为 50mm，其等效焦距为 50mm × 1.5=75mm，也就是说 APS–C 画幅 50mm 镜头焦距的成像范围相当于全画幅相机镜头焦距在 75mm 时的成像范围。

同一焦距的镜头下，全画幅与 APS–C 画幅所拍画面大小之比较

表一：镜头的焦距

短焦距	长焦距
视角宽	视角窄
主体被缩小	主体被放大
适合拍摄大场景	适合拍摄景物局部
适合风景照	适合人物照

镜头的透视

摄影中的透视是指利用照片中物象的相对大小和形状来传达距离与空间信息的艺术手法。因为照片是二维平面的，透视的作用就是使其看上去更像是三维的，是一种心理感觉。摄影中的透视除了受观察点、拍摄者与被摄体间的位置影响外，还受镜头的焦距影响。不同的焦距大小会产生不同的透视效果（如下图所示）。远摄镜头能够放大景物，将远方物体“拉近”，在透视效应上，被摄体看上去是正常的，但与被摄体间的距离貌似被压缩了，因而观看画面时会产生与实际距离不相符的估计。广角镜头与远摄镜头则刚好相反，它会夸大空间透视，使远处的景物看上去更小更远，近处的景物则有夸大透视和变形的视觉感，这称之为广角效应。

光圈：f/2，曝光时间：1/400 秒，感光度：200，焦距：35mm
低角度拍摄，运用广角镜头可以强化空间的透视效果

光圈：f/4，曝光时间：1/200 秒，感光度：200，焦距：70mm
长焦距镜头拍摄的画面，其空间透视效果要弱于广角镜头。尽管其拍摄的角度相对广角镜头拍摄的画面要略高一些

镜头的描写力

镜头的成像锐度是很多摄影者关心的问题，成像锐度的好坏一定程度上也决定于镜头的价位和专业与否，专业用镜头一般价位高，对应的成像锐度和描写能力会更强。对于摄影初学者来说，普通的拍摄一般没有必要花大价钱购买高价优质的镜头。

对于一款镜头来讲，成像锐度与光圈大小有直接关系，最大光圈下的成像锐度最一般，一般缩小一至两挡光圈就可以显著提高镜头的成像锐度。此外，镜头对画面的虚化能力和虚化品质，也是摄影者要注意的一个问题。优质的镜头，光线的分散会很均匀，产生的虚化和过渡也会非常自然、顺滑，没有噪点和颗粒。

光圈：f/2，曝光时间：1/800 秒，感光度：100，焦距：35mm
在大光圈下，良好的虚化效果和自然过渡是一款镜头是否优质的重要标准之一

定焦镜头与变焦镜头

定焦镜头的意思是指焦距固定的镜头，如 50mm 标准镜头、14mm 广角镜头、85mm 长焦镜头等。变焦镜头意思是指镜头焦距可调节的镜头，如 24–70mm 标准变焦镜头、14–24mm 广角变焦镜头、70–200mm 远摄变焦镜头等。定焦镜头与变焦镜头各有利弊，在选择时要根据自己的拍摄需要来决定，相比较而言，定焦镜头的优势在于对焦速度快，画质稳定，测光更加准确，成像品质更加细腻和优良。缺点是便利性不强，不能同时满足各种拍摄题材的需要，对不同焦距端的镜头都需要一一购买，携带、安装起来较麻烦。变焦镜头的优点在于一镜多焦的便利性，可以满足拍摄者不同题材的拍摄需要，省去了频繁更换镜头之扰。但缺点是成像质量不如定焦镜头，在对焦速度和测光准确性上也有差距。不过随着科技的进步，变焦镜头也在不断地更新换代，成像质量大大提高。对于普通摄影者的拍摄，选择一款跨越广角端和长焦端的变焦镜头可以完全满足拍摄需要，如果想进一步“发烧”，可以再购买一到两款定焦镜头，如 14mm 广角镜头、50mm 标准镜头或者 200mm 远摄镜头搭配使用，提高拍摄的乐趣和品质。

佳能 EOS 85mm 定焦镜头，携带方便，画质稳定

尼康 24–70mm 变焦镜头，可以通过调节变焦环来变换焦距大小

光圈：f/16，曝光时间：1/800 秒，感光度：200，镜头：尼克尔 35mm 定焦镜头
成像质量稳定、优良的定焦镜头是你的不二之选，但往往因为它的便利问题而为摄影师带来很多烦恼。其实，你可以在广角端、中焦端和长焦端各选择一款定焦镜头，然后再选购一款常用焦段的变焦镜头，几乎就可以“天下无敌，受用终身”了。伟大的巴西纪实摄影家塞巴斯提奥·萨尔加多就是这么选择自己的镜头的

光圈：f/8，曝光时间：1/1000 秒，感光度：200，焦距：35mm，镜头：尼克尔 24-120mm 变焦镜头

光圈：f/8，曝光时间：1/900 秒，感光度：200，焦距：85mm，镜头：尼克尔 24-120mm 变焦镜头
有长有短，有舍有得，这在镜头上得到了应证。变焦镜头相较于定焦镜头，舍弃了画质（一定程度上），但却得来了便利，成为很多摄影人的首选器材

标准镜头

标准镜头的焦距为 50mm（以 135 照相机为标准），拥有与人眼视角类似的 50° 视场角的镜头，是所有镜头中的基本镜头。标准镜头很适合摄影初学者使用，它可以帮助摄影者实现各种拍摄效果。标准镜头有丰富的光圈选择范围，一般最大光圈都比较大，F1.8 或 F1.4 是比较常见的，这样可以在近距离拍摄景物时获得小景深效果，实现主体清晰，背景模糊的画面效果，与长焦镜头的画面效果非常相似。最小光圈一般设定在 F22，这样在拍摄远景画面时就可以获得全景清晰的大景深效果，可实现与广角镜头类似的景深效果。此外，标准镜头自然、平和的视角最符合人眼的观看习惯和经验认知，所以标准镜头非常适合作为自己初入摄影殿堂时的一款基本镜头来选择使用。

尼康 50mm 标准镜头，是视角最接近人眼视角的一款镜头，画面感自然、平易近人

光圈：f/1.8，曝光时间：1/30 秒，感光度：200，镜头：尼克尔 50mm 标准镜头
有很多大师级的摄影师都在使用标准镜头，如亨利・卡蒂埃 – 布勒松一生都只使用标准镜头拍摄。这是一款经典镜头，它几乎可以使用于任何题材的拍摄，所以你可以将其作为常配镜头来选用

广角镜头

广角镜头有普通广角镜头和超广角镜头两种，普通广角镜头的焦距在 50mm—24mm 之间（以 135 相机为标准），超广角镜头的焦距在 20mm—13mm 之间（以 135 相机为标准），包括我们俗称的鱼眼镜头。因为广角镜头有夸张的远近感和空间感，所以是一款非常具有画面效果和极具个性的镜头，它大的视角最适合拍摄大场景的景观。相比于其他镜头，广角镜头的自身优点表现在：

（1）镜头视野宽阔，可以囊括更多的画面信息，表现效果不俗。

（2）所拍画面景深大，基本可以实现全景清晰。

（3）画面的空间透视效果强烈，这是它最引人注目的特点，可以强烈地夸张近景与远景的距离和大小，营造强烈的对比效果，非常具有画面感。

尼康 16mm 广角镜头，可以制造强烈的空间透视效果，使画面富有夸张效果

光圈：f/2，曝光时间：1/30 秒，感光度：200，镜头：尼克尔 35mm 广角镜头
广角镜头能够将更多的景物信息纳入画面，且能够制造更大的景深范围，但有时它过于夸张的透视效果，也会给人带来不适感。所以，使用广角镜头时，要根据拍摄的题材来选用合适的焦距端，扬长避短，把握好其间的尺度

长焦镜头

长焦镜头的焦距在 50mm 以上，视场也比标准镜头窄（以 135 相机为标准），可以将远处的景物拉近、放大。长焦镜头也分为普通长焦镜头和超长焦镜头两种，普通长焦镜头的焦距在 75mm—300mm 之间，超长焦镜头的焦距在 300mm 以上。长焦镜头因为其镜头特性，比较适合远距离拍摄的题材，如野生动物、人像、体育比赛等。相比其他镜头，长焦镜头的优势在于：

（1）压缩空间，放大景物，实现小景深拍摄，突出主体。

（2）可以在不影响拍摄对象的情况下实现完美抓拍，如拍摄野生动物、远处的人物等。需要注意的是，远摄镜头对于镜头震动非常敏感，很容易造成画面的虚糊，所以快门速度最好保持在 1/250 秒以上，否则可能就要使用三脚架来帮助稳定了，但现在很多长焦镜头上都安装有防抖功能，可以适当缓解相机抖动对画面带来的影响。

尼康 200mm 长焦镜头，可以将远处的景物拉近拍摄，空间压缩感较强

光圈：f/2，曝光时间：1/100 秒，感光度：100，镜头：尼克尔 200mm 长焦镜头
有些长焦镜头会有防抖功能，这对保证画面清晰很有帮助。但有些没有防抖功能的长焦镜头，在使用时最好使用三脚架。当然，你也可以通过依靠树干、墙壁或者岩石来帮助自己稳定身体和相机，不过这只是应急措施

微距镜头

微距镜头是非常实用的一款镜头，它既可以实现微距拍摄，也可以实现普通意义上的拍摄，这有效拓展了摄影者拍摄的领域。微距镜头多为定焦镜头，可以实现 1 ：1 等不同放大倍率，可以将细小的景物，如花蕾、昆虫等放大充满整个画面，精细地呈现其细节和纹理。目前流行的微距镜头一般是 60mm—180mm，100mm 最为常见，不过，使用微距镜头拍摄时，因为对对焦精度要求极高，所以更多时候适合手动对焦。

佳能 EOS100mm F2.8 1 ：1 放大倍率微距镜头

光圈：f/2.8，曝光时间：1/120 秒，感光度：100，镜头：佳能 EOS100mm 微距镜头
使用微距镜头拍摄花卉时，一般会距离花卉很近，而且需要你有相当的定力来确保对焦准确。画面的景深范围一般会极窄，所以略微的风吹草动，或者是你自己的晃动，都有可能使焦点脱离拍摄主体。因此，在按快门之前你必须保证焦点落在主体上，而且为了拍摄的效率性，最好是使用三脚架，这对于老年人非常实用，因为当你弯下腰去对焦花卉时，往往不是一两分钟就能够解决战斗的

滤 镜

滤镜的作用在于帮助摄影师营造画面效果，实现最佳拍摄。滤镜的种类并不太多，但大小尺寸却不尽相同。使用滤镜，你可以给影像加上颜色，可以柔化影像，可以制造多重影像，还可以使影像变亮或变暗，滤镜的世界是丰富多彩的。滤镜可以产生多种效果，但使用滤镜的理由却很有限，认真说起来只有两种，且还会彼此矛盾。一种理由是现实主义表现手法，使用滤镜的目的只是最大限度地还原景物的色调或色彩，即真实记录；而另一种理由则是创造性表现手法，滤镜是帮助摄影者实现想象中的景物状态，而不必在意景物的原来样貌。了解这两种目的，对于你了解滤镜的角色和作用，以及如何使用它们会有指导作用。下面，我们将着重介绍一些最常用的滤镜供大家参考。

光圈：f/5.6，曝光时间：1/120秒，感光度：100，曝光补偿：+1 级，加用柔光镜
使用柔光镜后，画面变得朦胧梦幻，更加增加了冰雪世界所带给人们的那种童话意境，将拍摄者的主观意境表达得淋漓尽致

光圈：f/8，曝光时间：1/100 秒，感光度：100，曝光补偿：–0.5 级，加用橙黄滤镜
在拍摄日落场景时，很多摄影师会选择在镜头前加用暖色滤镜来强化日落时的色彩气氛。暖色滤镜可以使晚霞的色彩看上去更加饱和、艳丽，使画面更具有情感和渲染力。但选择什么样的滤镜，这中间有个度的把握，太过夸张会使景色失去真实性

UV 镜

UV 镜的英文全拼是 Ultra Violet，意指紫外线滤光镜，它的作用是过滤紫外线，保护镜头，是镜头常备滤镜之一。镜头往往是相机最脆弱和容易损坏的部件，对镜头进行有效防护必不可少，而一片 UV 镜就可以担此重任，在重要的关头，它可以保护镜头的镀膜不受侵害。此外，它还可以过滤掉波长在 400 毫微米以下的紫外线，而对其他可见光完全透射，因此不会影响到画面色彩和曝光。UV 镜分为国产和进口两种，其种类分为普通 UV 滤镜和 MC UV 滤镜两种，常见的品牌有高坚、肯高、保谷、玛露美等，价格从几十元到几百元不等，当然也有更加昂贵的。其中 MC UV 滤镜是一种经过镀膜处理的特殊 UV 滤镜，基本是 UV 滤镜的最佳选择。因为普通的 UV 镜没有控制散乱光线的多层镀膜网，光线会产生乱反射，在拍摄夜景或者使用闪光灯拍摄时，会容易出现双重光源和重影现象。在选购 UV 镜时，一般要选择通透性好，无偏色的品牌 UV 镜，价格在 200 元左右的就合适。如果考虑只是保护镜头用，可以选用国产 UV 滤镜，但要留意滤镜有无偏色。购买时最好带相机过去试戴，因为滤镜有不同大小的口径，如果买来的 UV 镜与镜头的口径不一致，那就比较闹心了，如果不去退换，那还需要购买转接环来转换滤镜口径。带上相机相对会更加保险，而且当场可以试拍几张查看效果，确保镜头在广角端和长焦端都能对焦清晰。

捷特 77mm MC UV 滤镜，它的多层镀膜技术是 UV 滤镜的最佳选择，当然价格也相对普通滤镜偏高一些

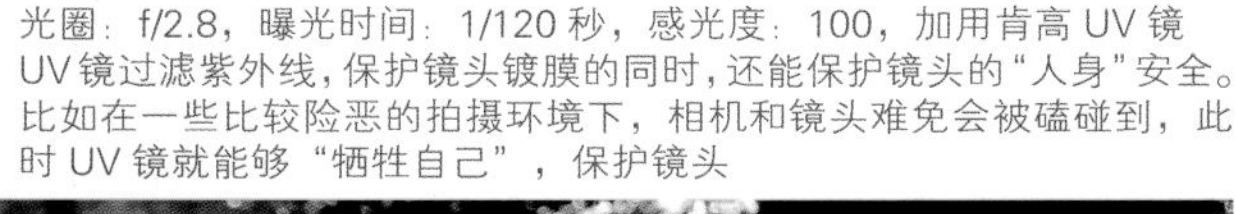

光圈：f/2.8，曝光时间：1/120 秒，感光度：100，加用肯高 UV 镜
UV 镜过滤紫外线，保护镜头镀膜的同时，还能保护镜头的“人身”安全。比如在一些比较险恶的拍摄环境下，相机和镜头难免会被磕碰到，此时 UV 镜就能够“牺牲自己”，保护镜头

偏振镜

偏振镜简称 PL 镜（Polarizing Filter），面对反射率较高的物体表面，它有阻挡异于主光及其波长的散射光的功能。偏振镜通常被镶在两层圈的框里，有螺纹的内环可附加到镜头上，外环镶住偏振镜，并能自由转动。现在的偏振镜主要分为线偏振和圆偏振两种，但对于能自动对焦的数码单反照相机而言，圆偏振镜能避免影响自动对焦的精度，但其缺点是偏厚，为了防止在拍摄中出现成像暗角，建议购买超薄圆偏振镜。

使用偏振镜主要有以下几种作用：

捷特 77mm 超薄偏振镜

压暗蓝天

使用偏振镜压暗蓝天，可以使白云更加突出，且通过调节压暗的程度，可以将天空调整成为不同的蓝色调，如深蓝、中蓝、浅蓝等。要想得到最大的天空压暗效果，要在太阳位于空中较低位置时，将偏振镜与太阳形成直角关系，即拍摄者的肩头正对太阳拍摄。面向太阳或背向太阳拍摄，压暗的效果会被削弱，且不明显。中午时候的太阳大多位于头顶，这时偏振镜只能将靠近地平线的一小块天空压暗。转动偏振镜的时候，通过数码单反照相机的取景器可以观看到调节的效果。不过不是所有的景物都适合使用偏振镜压暗蓝天，比如颜色较深的被摄体，压暗蓝天会减小被摄体与天空的对比度，使反差降低，被摄体得不到凸显。

光圈：f/8，曝光时间：1/300 秒，感光度：100，加用偏振镜
加用偏振镜后，蓝天被有效压暗，白云更加突出，层次感变得更加丰富，画面色彩愈加饱和

消除或减少如水和玻璃等非金属表面的反光

之所以是非金属表面的反光，是因为金属表面的反光不是偏振的，偏振镜对其不起作用。通过偏振镜消除物体表面的反光，目的是使画面更加简洁，主体更加突出，比如过滤掉玻璃表面多余的反光，使玻璃内部的主体景物得到清晰表现。在消除反光时，观察角度很关键，要想最大限度地消除反光，观察角度与反光表面要成35° 左右的角度，只要偏振镜旋转到合适位置，就可以达到。

使用偏振镜之后的画面效果。可以看到，玻璃上的反光被有效削弱了

使用偏振镜之前的画面效果

增加彩色照片的色彩饱和度

偏振镜可以消除物体表面的眩光，使色彩呈现更加强烈。对于大部分摄影爱好者而言，一般都喜欢更具色泽的鲜花和更加葱翠的绿地，所以拍摄色彩鲜艳的景物，使用偏振镜较为合适。不过，色彩效果通过取景器观看时并不明显，只有在照片中才会有明显体现，如果想对这一效果有一个直观体验，不妨拍摄同一物体来做下比较。

使用偏振镜之前的画面效果

使用偏振镜之后的画面效果。可以看到，鲜花的色彩变得更加艳丽、饱和了

中性灰密度镜

中性灰密度镜又称为ND镜（Neutral Density Filter），具有单一的灰色，其作用如同减光器，旨在减弱通过镜头的光线强度，若想到人们经常佩戴的墨镜就很容易理解它的含义了。因为中性灰密度镜等同地阻止所有的色光，所以它对光线的对比度和色调并不形成影响。中性灰密度镜有不同的密度，也有将两块密度镜重叠使用来达到更大的减光效果的。不同的中性灰密度值会相应地减少曝光量，在拍摄时就要适当增加曝光达到曝光平衡（见表二）。在购买中性灰密度镜时，假若只购买一块，那么可以考虑选择0.9密度，它需要增加3级曝光量，那么你就有可能选择较大范围的慢快门速度和大光圈。中性灰密度镜的减光作用的实用价值在于：

保证正常曝光

在光线充足的条件下拍摄，尤其是拍摄亮度较高的被摄体时，最低的感光度、最高的快门速度和最小的光圈可能仍然会曝光过度，无法实现正常曝光，此时就可以使用中性灰密度镜来减光，确保正确曝光。

肯高77mm ND-400中性灰密度镜

光圈：f/22，曝光时间：1/2000秒，感光度：400
强光下的水面反光和明亮的天空使得相机即使在最小光圈和最高快门速度下依然无法获得正常的曝光，亮部严重曝光过度

光圈：f/22，曝光时间：1/2000秒，感光度：200，加用中性灰密度镜
加用中性灰密度镜后，进入镜头的光线被整体削弱，此时，原本曝光过度的曝光组合，现在可以得到曝光相对正常的画面效果

营造画面效果

在白天拍摄，使用中性灰密度镜减光，可以使光圈开放得更大，或者使快门速度降至更低，这样就可以通过大光圈虚化背景，强化主体，简洁画面，营造小景深效果，这对拍摄人像非常有效。或者使用低快门速度虚化运动的被摄体，使之形态发生变化，营造虚化效果，这对拍摄水流或者动态人物非常有效。

表二：中性灰密度镜与曝光的关系

密度	降低曝光级数（f 系数）
0.1	$^1/_3$
0.2	$^2/_3$
0.3	1
0.4	$1^1/_3$
0.5	$1^2/_3$
0.6	2
0.7	$2^1/_3$
0.8	$2^2/_3$
0.9	3
1.0	$3^1/_3$
2.0	$6^2/_3$
3.0	10
4.0	$13^1/_3$

光圈：f/8，曝光时间：1/200 秒，感光度：100
在较高的快门速度下，画面中的水流被凝固了下来

光圈：f/8，曝光时间：1/25 秒，感光度：100，加用中性灰密度镜
加用中性灰密度镜后，快门速度降低了 3 挡，水流在低速快门下被虚化了

近摄镜

近摄镜是一种类似于滤镜模样的透镜，它能够将镜头的聚焦倍率放大，从而获得近距离拍摄或特写的效果，主要被用于微距拍摄，可以获得更好的放大比例。近摄镜片的结构是一块凸透镜，能实现更强大的微距拍摄功能，现在市面上售卖的近摄镜大多以套装形式出现，放大效果可以根据透镜的组合形态和放大倍率而有所变化，放大倍率有 ×1、×2、×4 三种，其可集成一个套系，若将这三种透镜组合在一起，最大可获得放大倍率为 ×7 的画面效果。近摄镜对于微距拍摄能力较弱的摄影者在一定程度上可以代替微距镜头，为拍摄者节约购买的成本，但根本上仍然无法代替微距镜头的成像品质。

佳能 52mm 近摄镜

光圈：f/3.5，曝光时间：1/250 秒，感光度：100，曝光补偿：+0.5 级，加用近摄镜
加用近摄镜，可以获得比原镜头放大倍率更大的画面，实现微距拍摄的效果。这对于单独购买微距镜头来说，经济上更加实惠

柔光镜

柔光镜是一款用来调节画面对比度的滤镜，它可以使画面在清晰对焦的情况下，表现出朦胧、柔和的效果，主要用于拍摄人物写真、城市夜景等。柔光镜按照柔化的效果强度分为“强效果”和“弱效果”两种，不过在现在 Photoshop 发达的拍摄年代，已经很少会有人去专门购买柔光镜了。用数码单反相机拍摄的图片，在 Photoshop 后期处理中可以轻松地做出柔化效果，所以柔光镜并不是必买的配件。

肯高 58mm 柔光镜

光圈：f/8，曝光时间：1/120 秒，感光度：100，曝光补偿：+1 级，加用柔光镜
柔光镜使得画面富有朦胧梦幻感，使得雪景更富诗意

增距镜

增距镜也被称为倍增镜或者远摄变距镜，它是一种凹透镜光学系统，由多片光学镜片组成，但其自身无法成像，必须与凸透镜结合才能成像。增距镜可以增长原有镜头的焦距，其增长倍率有多种，比较常见的是 2 倍、1.4 倍和 1.7 倍，比如 50mm 标准镜头，加 2 倍增距镜后焦距可变为 100mm，成为中长焦镜头，但是增距镜只能用于 50mm 焦距以上的镜头，50mm 以下的镜头使用增距镜画面会出现黑角现象。增距镜两边分别有一个卡口和一个卡环用于安装，卡口与镜头卡口一样，用于连接到照相机机身上，卡环与单反相机机身上的卡环一致，用于连接镜头，安装时先把增距镜安装在镜头上，再将整合体安装在机身上。目前生产增距镜的厂家主要有腾龙、肯高、适马和威达等。

尼康增距镜

光圈：f/8，曝光时间：1/300 秒，感光度：300，焦距：100mm，加用增距镜
加用增距镜，可以使原本焦距不够长的镜头清晰捕捉到远处飞翔的海鸟，这在一定程度上也可以满足你的长焦拍摄需求，为你节省购买镜头所产生的成本

三脚架

三脚架的重要职责是保证照相机的稳定，辅助摄影师拍摄出清晰迷人的画面，是摄影师必备配件。一些摄影初学者认为只有在自拍的时候才会用得上它，这是种误解。三脚架是在慢快门速度拍摄时，为了得到清晰的画面而使用的，多在光线较弱，手持无法清晰拍摄，或者使用远摄镜头拍摄、微距摄影以及多重曝光中使用，尤其是当使用的镜头焦距超过 200mm 时，身体的抖动极容易带来画面的虚糊，而且远摄镜头一般都大而重，手持拍摄会很困难。现在市面上的三脚架种类繁多，材质也不一样，价格从几十元到几千元甚至上万元的都有，选购三脚架的重要参考点是稳定性、便携性和价格。其中，稳定性是选择三脚架最重要的标准。通常来讲，钢铁材质、碳纤维和铝合金材质的三脚架稳定性最好，但钢铁材质的重量最重，便携性最差，适合于室内拍摄使用；碳纤维材质的三脚架重量最轻，便携性最好，但价格一般较高，适合于野外或旅行拍摄；铝合金材质的三脚架居于以上两者之间，也很结实牢固，适合拍摄花草、昆虫、风光等。

伟峰不锈钢三脚架

对于三脚架品牌，国外比较常见的有法国的捷信、意大利的曼富图、日本的金钟等，它们的价格较高，但稳定性和耐用程度非常可靠。国产比较常见的有百诺、伟峰和泰利等,其性能可满足一般摄影者的大多数需要,且价格相对实惠，性价比较高。

此外，有不少摄影初学者在购买三脚架的时候，往往会忘记购买云台，以致回去无法安装相机，这是因为对三脚架的结构不明所致。通常商店所说的三脚架只是指裸架，即三脚架的三条腿，安装和固定照相机的云台还需要另外购买。云台按照操作方式分为好几种，有三个把手调节水平位置和转动方向的普通云台，多用于静物、微距和室内肖像摄影，也有一个把手的球形云台，操作灵活快速，适应范围极广。此外，云台和照相机进行连接固定的部分称为云台板，这在购买云台时一般都直接配带。

英拓铝合金三脚架

捷特球型云台

捷特手把式万向云台

捷特碳纤维三脚架

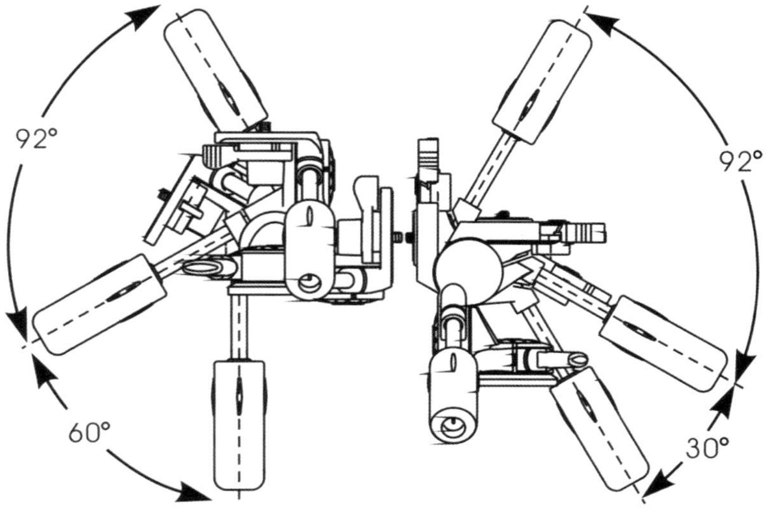

捷特手把式万向云台多种方向操作示意图

三脚架使用现场图

塑料云台板

铁制云台板

光圈：f/4，曝光时间：1/300 秒，感光度：100，焦距：35mm，使用三脚架拍摄
使用三脚架拍摄，可以通过平衡仪器和调节云台来确保画面中地平线的水平，保证画面的均衡和协调。有些摄影爱好者在拍摄有地平线的画面时，并不会去注意地平线的水平问题，尤其是在手持拍摄时，很容易将地平线拍摄倾斜，画面显得不够稳定

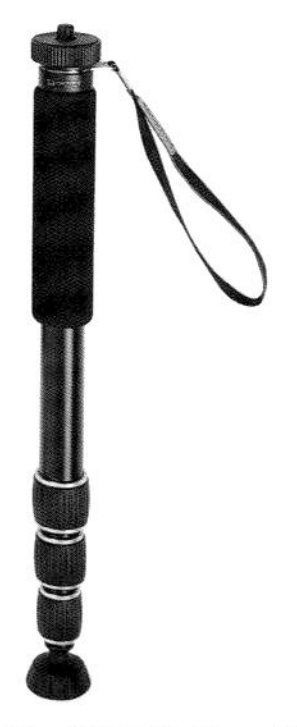

独脚架相较于三脚架而言，更加便于携带，操作方便，拍摄起来比较灵活，但稳定性欠佳。在使用重量较重的长焦距镜头时，可以用来减轻手持时的重量，多用在拍摄体育、动物类题材上

勾乐拍可以弯曲成你想要的角度、形状来满足拍摄的需要

勾乐拍三脚架。该三脚架可以在任何地点任何时候选择拍摄，它的重量轻，体积小，便于携带，且可弯曲，可抓握，可盘绕，灵活自如，运用面极广。如果你要外出旅游拍摄，传统的三脚架又过于笨重的话，选择它不失为明智之举

勾乐拍可以缠绕在树干上拍摄。即使在如此恶劣的环境下拍摄，它柔软的橡胶环和橡胶脚垫也能防止勾乐拍三脚架的滑动

光圈：f/9，曝光时间：1/150 秒，感光度：100，焦距：35mm，使用三脚架拍摄

快门线

既然购买了三脚架，从某种意义上讲，购买快门线就变得很有必要了。快门线是可以有线延长照相机快门按钮的一种有线遥控，使拍摄变得更加方便。使用快门线的目的与使用三脚架的目的基本一致，即最大限度地保证所拍画面的清晰。原因是使用快门线可以有效防止手按快门时引起的相机震动，对于 30 秒以上的曝光拍摄尤其有效。

传统通用快门线

使用电子快门线拍摄实例图

数码单反照相机一般采用以电信号传递命令的电子快门线控制快门，稳定性很好。原厂快门线通用性不高，且价格比较高，目前国内厂家生产的副厂快门线在技术的不断发展和成熟下，兼容性和可靠性变得越来越完善，所以建议选用副厂快门线，但价格相对其他附件来说依然较高，这也在一定程度上影响了它的普及。

电子快门线

目前随着技术的不断进步，代替电子快门线有线遥控的红外线无线模式远程遥控开始面世，它去掉了碍手碍脚的长线，使拍摄变得更加简洁、利落，且对于自拍和团体照，可以不使用照相机上的自拍器进行拍摄。

无线遥控快门器

闪光灯

闪光灯是照相机最具代表性的基本附件，是在室内或者光线较弱的环境下拍摄时，为保证充分曝光所采用的照明设施。目前在数码单反照相机中一般都带有内置闪光灯，但其输出功率有限，在很多拍摄场面可能会力不从心，且其固定的发光位置，很容易在画面中留下难看的阴影，光效平淡，作为应急使用尚可，但要追求更好的拍摄效果，构置外置闪光灯是很必要的。外置闪光灯一般有两种类型，一种是各厂家都可通用的闪光灯，此种闪光灯被称为副厂闪光灯，其功能相对齐全，可靠性尚佳，售价较便宜；一种是专机专用的闪光灯，被称为原厂闪光灯，其功能虽然强大，但是价位较高，是专业摄影师的选择，对于摄影初学者，并不推荐使用。

索尼独立式外置闪光灯。相较于机身闪光灯，它的发光功率和照射强度更大，照射范围更广。它可以通过调节灯头的方向来改变闪光的角度和效果

佳能机身自带的闪光灯，其缺点是方向固定，功率较小，发光面积不大

光圈：f/3.5，曝光时间：1/10 秒，感光度：100，焦距：35mm，机身闪光灯补光

在逆光或者是暗弱环境下拍摄时，机身闪光灯可以为主体进行补光。但因为其发光位置与拍摄方向一致，所以光线效果较直白。这一顺光下的景物立体感表现欠佳，但色彩表现较好，所以在拍摄色彩艳丽的景物时可以有效运用

光圈：f/8，曝光时间：1/5 秒，感光度：100，焦距：35mm，独立式闪光灯补光，使用三脚架

适马环形闪光灯

安装在相机上的环形闪光灯。该闪光灯可以制造包围光线，发光均匀，能够有效消除阴影，是近摄或微距拍摄的理想之选。此外，在拍摄珠宝静物或人像中也被经常使用

闪光灯作为发光设备，具有不同的发光等级，闪光灯最大的发光量用闪光指数来表示，数值越高，发光量越大。闪光指数的定义为：闪光指数（GN）= 发光距离（m)× 指定光圈数值（F）。此处的发光距离与拍摄距离并非同一概念，发光距离是指闪光灯与被摄体之间的距离，虽然很多时候闪光灯是装置在照相机的热靴上的，此时可以将拍摄距离与闪光距离视为相同，但也有闪光灯用闪光连线和无线遥控器操作，在距离相机较远的位置闪光的情况。这一公式的用处并不在于告诉摄影师闪光指数是多少，因为闪光指数在闪光灯设计和生产时早已被厂家设定好了，拍摄者可以通过查看闪光灯说明书得到闪光灯的闪光指数，并通过公式换算出光圈大小或者是发光距离，实现完美闪光。

发光距离 = 闪光指数 ÷ 光圈数值
光圈数值 = 闪光指数 ÷ 发光距离

光圈：f/8，曝光时间：1/150 秒，感光度：100，使用环形闪光灯
环形闪光灯消除了阴影，使物体的形状更加突出，色彩还原真实，层次细腻丰富

柔光罩

柔光罩是机体闪光灯的一个附件，材质为白色半透明的塑料，它一般被安装于闪光灯头上，作用是将强硬的闪光变为散射光，降低画面反差。我们在近距离拍摄被摄体时，往往会因为闪光灯强硬的直射闪光而产生反差强烈的画面，甚至高光部位会失去层次，变得惨白，此时若在闪光灯头上安装柔光罩，就可以对闪光灯的光线进行散射，使被摄体的细节过度自然，画面柔和生动。在实际拍摄中，若没有随身携带柔光罩，而又需要柔化光线，可以使用白色的卡片插在闪光灯头上进行反光或者使用半透明的物体在闪光灯前遮挡，虽然效果没有柔光罩好，但仍然可以起到柔化光线的作用，可以作为应急使用。

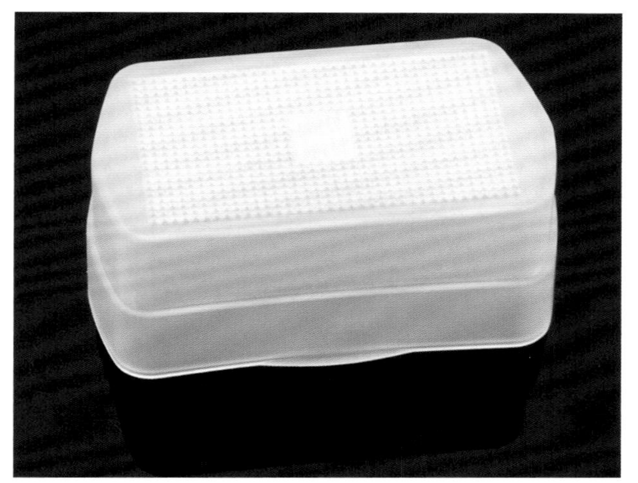

安装在闪光灯上的柔光罩

此外，高级型号的闪光灯上会配备有闪光灯发光面和直角白色反射板，在必要时可以代替柔光罩。如若无法具备在闪光灯头上进行柔化光线，还可以寻找发光较强的物体，利用物体表面对拍摄体进行反光，如在室内拍摄时，四周的白墙和天花板就可以作为闪光灯的反射体，用闪光灯对着白墙闪光，可以得到很好的散射光线，对于拍摄人物肖像异常有利。

加有白色直角反光片的独立式外置闪光灯

光圈：f/3.5，曝光时间：1/90 秒，感光度：100，焦距：30mm
将闪光灯打向墙壁，利用四周白墙的反射光来使小静物得到较柔和的照明，细节层次丰富，反差比较柔和

储存卡与读卡器

存储卡是数码单反相机不可缺少的附件，主要用途就是存储相机拍摄的照片。目前市面上的存储卡种类较多，主要有 CF 卡、SD 卡、SDHC 卡、mini SD 卡、TF 卡、XD 卡以及索尼独家具备的记忆棒等，其中 CF 卡主要用于数码单反相机，随着摄影人对存储速度要求的提高，具有高存储速度的 SD 卡受到关注，并在近几年中流行开来，成为应用范围最广泛的存储卡。

CF 卡市场上最常见的是 133 倍速的存储卡，因为 133 倍速的 CF 卡能够提供 15MB/s 的写入速度，所以非常适合高分辨率的单反相机使用。同时，133 倍速的 CF 卡售价在主流水平，所以很快成为摄影者欢迎的存储卡，主要品牌有金士顿和创见 4G 容量。SD 卡体积小、容量大、处理速度快，优点众多，且各品牌的售价基本一致，1GB 售价在 40 元左右，2GB 售价在 60 元左右，4GB 的售价在 150 元左右，数据处理速度越快，容量越大，价格也就越高。

尼康 D4 SD 卡和 CF 卡双卡槽设计。双卡槽的设计使得相机具有足够的存储空间，保证了大容量的拍摄，尤其是当使用 RAW 格式拍摄时更加实用

金士顿 16GB CF 卡实物图

金士顿 16GB SD 卡实物图

现在很多摄影人喜欢使用数码单反相机中的 RAW 格式拍摄，相比 JPEG 存储格式，RAW 容量巨大，同一容量的存储卡，RAW 格式的照片存储量会少很多，建议喜欢使用 RAW 格式拍摄的摄影者选择使用 8GB 存储卡，这样在相机电池满电情况下，基本可以保证拍满一张卡。经常使用 JPEG 格式存储的摄影者可以选择 2GB 的存储卡，基本可以满足平时的拍摄需求。

为了将存储卡中的影像转存到电脑上，可以使用相机自带的数据线，但其传输速度较慢，操作起来比较麻烦，最方便、快捷的读取工具就是读卡器。目前市面上的读卡器有多种，分为专用和混用两种，专用是只适用于 CF 卡或 SD 卡等单独插槽的读卡器，混用是一个读卡器上布有多种存储卡型号的插槽，CF 卡、SD 卡、SDHC 卡、mini SD 卡等都可使用的综合性读卡器。在购买存储卡时，建议根据自己使用的存储卡类型同时购买读卡器，方便日后读取图像。

CF 卡专用读卡器

SD 卡专用读卡器

爱国者数码伴侣。当你身上携带的存储卡都已用完，而美景就在眼前，此时如果没有转存设备那将是一件非常遗憾和懊恼的事情。数码伴侣可以为你带来新的活力，它如同一个小的移动硬盘，可以为你快速转存，确保你的卡片可以被反复使用。它的阅览和图像编排功能可以让你在工作之余对所拍的照片进行浏览和管理。所以，当你确定自己有很多照片需要拍摄的时候，就将数码伴侣带在身边吧

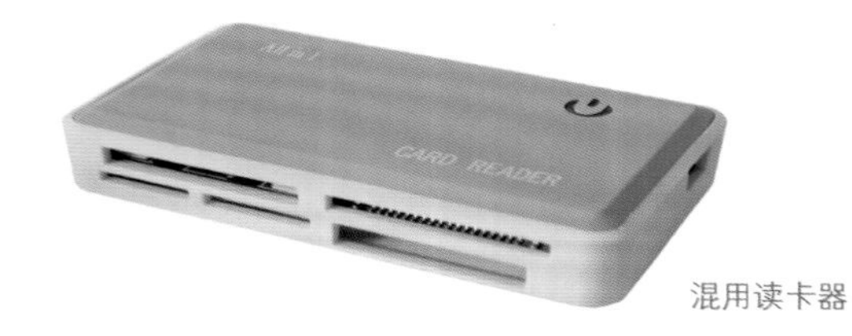

混用读卡器

电池与手柄电池盒

数码单反相机使用的电池一般多为高能锂电池，这种电池重量轻、寿命长，且是一种没有记忆效应的高效电池，摄影者可以随时充电使用。在购买数码单反相机时，一般都会随机配送一块电池，但往往有时候一块电池无法满足拍摄需要，总要有一块备用电池以备不时之需。相机原厂电池一般售价都比较高，对于备用电池，建议选用价格实惠的国产电池，它们一般是原厂电池售价的一半或者 1/4，满电后拍摄的照片数量为原厂电池的 80% 左右，在选择时尽量选择国内知名厂家的产品，如驰能、圣奇士、飞毛腿等。

数码单反相机还有最具特点的一个附件，那就是手柄电池盒。手柄电池盒一般被安装于相机的底部，它上面设计有快门和其他按钮，方便竖拍构图。电池盒可以同时安装两块电池，这样就省却了更换电池的麻烦，且可以使数码单反相机的外观发生巨大改变，看上去体积更大、更有视觉冲击力。

尼康 D700 原厂充电式锂电池

斯丹德国产尼康锂电池，适用于尼康 D700、D300s、D90 等

佳能原厂手柄电池盒

安装有电池盒的尼康 D300s 金属机身，体积看上去更加庞大

相机包

相机包是摄影人必备的附件之一，因为任何人都不会愿意将自己心爱的相机器材置于光天化日之下，任它风吹日晒。一款质量优异的摄影包可以有效保护相机，使拍摄行程变得更加安全。现在市面上的摄影包多种多样，摄影人在购买相机时，一般会有附送的相机包，但大多质量一般，为了寻求更好的保护，建议另行购买。

选购摄影包时，要根据自己的拍摄题材和行动范围来确定，一般来讲，经常长途跋涉、野外拍摄的摄影人适合选择防震防撞功能强，防水性能好，容量大的相机包，品牌如乐摄宝；若只是同城小范围拍摄，如人像、服装、城市纪实、新闻摄影等题材可以选购灵活性强、轻便、方便取机拍摄的摄影包，品牌如杜马克、天霸等。

在选购摄影包时要拿到手里拉伸一下，材料好的摄影包会很快恢复原状，过硬或过软的相机包都不会有好的保护性，一般摄影包的材质是选用很有韧性的“珍珠棉”做成的。另外还要注意摄影包的防水性，在外拍摄难免会遇到雨水天气，如果相机包都湿透了，那相机也就危险了。相机包上的小部件如拉链、扣件等也要仔细查看质量，部件虽小，但若坏掉了却会带来不少麻烦。

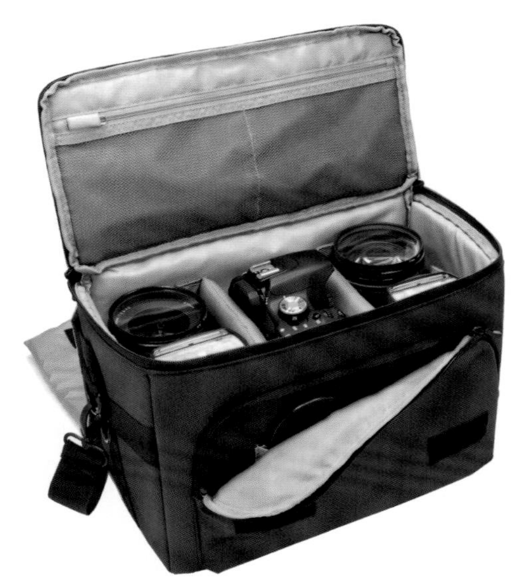

卡登仕单肩摄影背包。单肩背包灵活性强，所能容纳的设备有限，适合于短程携带使用

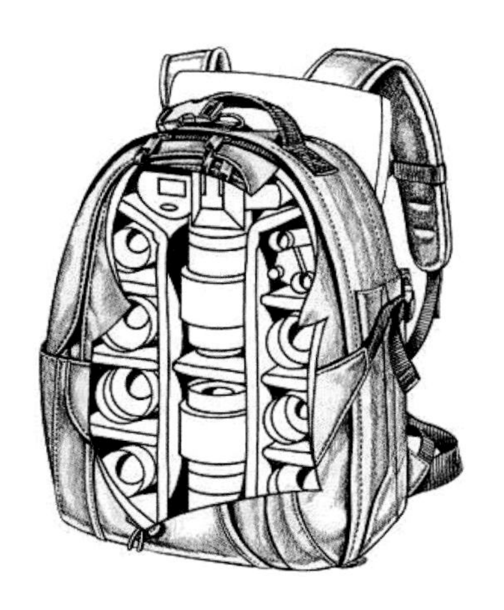

国家地理摄影双肩背包。双肩背包可以容纳更多的摄影器材和相关设备，更具安全性，适合外出创作和长途跋涉时选用

其他附件

遮光罩

遮光罩是安装在镜头前端，用来遮挡杂乱光线的装置，是最常用的摄影附件之一。遮光罩有金属、硬塑、软胶等多种材质。需要注意的是，不同镜头所用的遮光罩型号是不同的，并且不能互换使用。所以在购买时要注意镜头口径的大小，根据口径选择相应的遮光罩。使用遮光罩可以抑制杂散光线进入镜头，消除眩光，提高成像的清晰度，当在逆光、侧光或闪光拍摄时，可以防止非成像光进入，避免雾霭；在顺光和侧光下拍摄时，可以避免周围的散射光进入镜头；在夜间摄影时，可以避免周围的干扰光进入镜头。此外，遮光罩还可以保护镜头免受意外损伤，在某种程度上能够为镜头遮挡雨雪风沙等。

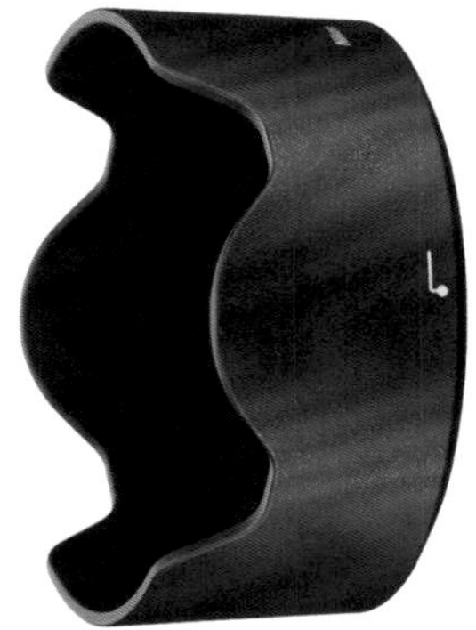

花瓣形金属遮光罩。该遮光罩多用于广角镜头，这是因为广角镜头视角较大，且传感器的形状也是长方形的，左右较短的边可以防止遮挡视线，在传感器上形成黑边，而上下较长的边则可以有效遮挡多余的外来光线

圆形金属遮光罩。该遮光罩一般较多地运用于中长焦镜头，因为中长焦镜头的视角比广角镜头的要小，所以不必有花瓣式的设计，是一种比较万能型的遮光罩

软质橡胶遮光罩。该遮光罩可以折曲，在不使用时可以覆折在镜头上，不必像金属质的遮光罩要取下重新安装，比较方便

清洁工具

照相器材在使用过程中，尤其是在室外拍摄时，会附着上很多的灰尘和污渍，为了更好地保养相机，延长相机的使用寿命，我们要及时地对其进行清洁。现在市面上大多以清洁套装来售卖，你不妨去购买一套。

火箭式气吹。它可以用来清除相机和镜头上的灰尘，被经常使用

相机清洁套装，包括气吹、毛刷、镜头布和清洁液

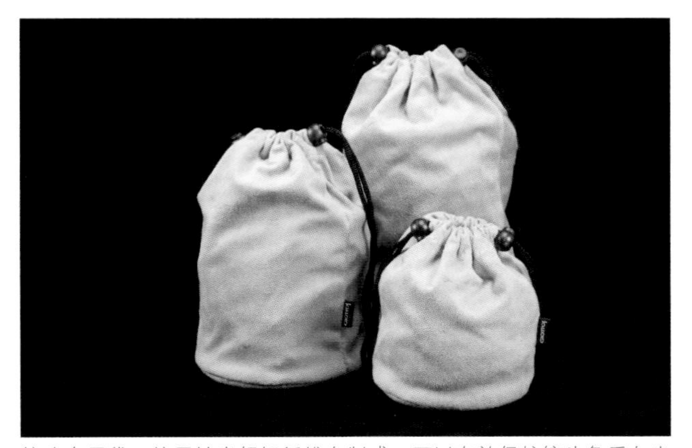

镜头专用袋，使用纳米超细纤维布制成，可以有效保护镜头免受灰尘和潮气的侵害

Chapter
2
相机理论精讲

对数码器材的部件有了基本认识后，接下来就要对它的功能和相关理论知识进行掌握，以便帮助自己更好地完成拍摄，真正进入到数码摄影的广阔创作天地中，提高自己的拍摄技能。如果说器材是一把剑，那么器材理论就是如何挥舞这把剑的基本招数，只有把握了基本招数，才有学习深度技能，拓展拍摄“疆域”的可能。下面将对相机理论中提纲挈领的精粹内容详加讲解。

光圈：f/11，曝光时间：1/250秒，感光度：100，焦距：45mm

光圈系数

光圈的基本构造相信你到现在已经有了一个基本的概念，那么光圈这一构造在成像系统中起着什么作用呢？对拍摄有什么影响呢？

光圈在成像过程中主要担当一个控制进光量的角色，镜外影像通过光圈在相机胶片或感光元件中成像，并通过光圈孔径的大小变化获得或明或暗的影像。除快门速度和感光度外，它是数码单反相机控制曝光的主要因素之一。关于曝光，我们平时听到最多的就是曝光组合参数，即快门速度多少、多大光圈、多少感光度，这里主要讲述光圈对曝光的影响，快门速度和感光度将在下面小节中详加叙述。

光圈的定义是指一个用来控制光线透过镜头进入相机内感光面上的光量的装置，通常在镜头内。而光圈系数是指光圈的大小，通常用 F 值表示。光圈 F 值 = 镜头焦距 ÷ 镜头口径，F 值越大，表示光圈越小，在同一时间单位内的进光量越少；F 值越小，表示光圈越大，在同一时间单位内的进光量越大。F 值系列有 F1、F1.4、F2、F2.8、F4、F5.6、F8、F11、F16、F22、F32、F44、F64，不同的镜头其 F 值系数范围会有所不同。就曝光关系上，每个光圈值之间依次有“1 级”的曝光差别，就是两倍的光量差别，即 F4 要比 F5.6 多 1 级的曝光量，比 F11 就要多 3 级的曝光量；相反，F5.6 比 F4 会少一半的曝光量，F11 比 F4 会少 8 倍的曝光量。当画面曝光过度时（过亮），在不改变快门速度的情况下，可以缩小光圈获得合适的曝光；相反，画面过暗可以增大光圈获得适度的曝光。

曝光较为准确的画面效果
光圈：f/8，曝光时间：1/250 秒，感光度：100

减少 1 级曝光量后的画面效果
光圈：f/11，曝光时间：1/250 秒，感光度：100

增加 1 级曝光量后的画面效果
光圈：f/5.6，曝光时间：1/250 秒，感光度：100

光圈除了控制曝光外，对画面另外一个重要的影响就是清晰范围即景深的变化。通过光圈大小控制景深变化是摄影师控制画面最常用的手段之一。光圈越大，在同一拍摄距离上，画面的景深会越小；光圈越小，在同一拍摄距离上，画面的景深就越大。

但是，光圈的大小在影响景深的同时，也对曝光有着直接的作用，所以，在控制画面效果时，要正确处理好光圈与景深和曝光的关系。这时最靠谱的做法就是选择光圈优先模式，通过调整快门速度确保正确曝光的前提下，先以光圈锁定自己想要的景深范围。

光圈：f/22，曝光时间：1/90 秒，感光度：100，焦距：35mm
小光圈下产生大的景深效果，画面中前景至远景都在清晰范围内

光圈：f/4，曝光时间：1/2500 秒，感光度：100，焦距：35mm
大光圈下产生小的景深效果，画面中前景和远景脱离了清晰范围

快门速度

快门速度是数码相机快门重要的考察参数，数码相机快门速度的高低直接会对拍摄产生影响，通常来说，越是高档的数码相机，其快门速度会越高。所以，不同数码相机的快门速度会各有差别，在选购时要格外注意快门速度的高低数值，以及启动时间，选择快门速度跨度最大，启动时间最短的相机，会对自己以后的抓拍和相关题材的拍摄产生非常有利的作用。

快门速度一般在相机中用数字来表示快门运动的快慢，数字越大，表示快门运动得越快，快门速度越高；数字越小，表示快门运动得越慢，快门速度越低。数码单反相机常见的快门速度一般是 30 秒—1/8000 秒，由慢到快依次是 30 秒、15 秒、8 秒、4 秒、2 秒、1 秒、1/2 秒、1/4 秒、1/8 秒、1/15 秒、1/30 秒、1/60 秒、1/120 秒、1/250 秒、1/500 秒、1/1000 秒、1/2000 秒、1/4000 秒和 1/8000 秒，其曝光关系与光圈系数值一样，每个快门速度值之间依次有 1 级的曝光差别。

快门速度的变化对于画面的影响在于：

控制曝光

快门开启时间的长短，决定着胶片或感光元件接受光线的多少，在光圈一定的情况下，快门速度越高，曝光量越少，画面呈现为曝光不足；快门速度越低，曝光量越多，画面呈现为曝光过度。一个成熟的摄影师可以通过控制快门速度和光圈的变化组合，来实现自己所需要的理想曝光效果。

曝光较为准确的画面效果
光圈：f/5.6，曝光时间：1/120 秒，感光度：100

减少 1 级曝光量后的画面效果，画面暗淡，呈现曝光不足
光圈：f/5.6，曝光时间：1/250 秒，感光度：100

增加 1 级曝光量后的画面效果，画面过于明亮，呈现曝光过度
光圈：f/5.6，曝光时间：1/60 秒，感光度：100

控制画面情势

在拍摄有动态物体的画面时，可以通过快门速度来改变运动物体的形态，达到不同的艺术效果。高速快门可以凝固动态物体，清晰展示其动态特点；低速快门可以虚化动态物体，得到模糊的动感效果。

光圈：f/8，曝光时间：1/300 秒，感光度：100
高速快门可以将动态物体凝固下来，给人展示平常肉眼所看不到的动态瞬间

光圈：f/22，曝光时间：1/20 秒，感光度：100
低速快门可以虚化动态物体，强化动静对比，给画面营造生动的动态效果

光圈：f/18，曝光时间：1/2 秒，感光度：200
低速快门将汽车虚化，只留下车灯所划出的一条灯线，效果独特

控制图像的清晰度

因为快门运动时会产生振动，在高速快门下，可以将这种振动的影响减到最小，保证成像的清晰度。

光圈：f/2，曝光时间：1/400 秒，感光度：100
使用长焦镜头拍摄时，高速快门可以确保画面的整体清晰

光圈：f/8，曝光时间：1/250 秒，感光度：200
较高的快门速度可以有效防止相机抖动带来的画面虚糊，保证影像清晰

闪光同步

对于数码摄影初学者，在使用闪光灯时很容易会出现所拍画面有“黑条”的现象，这是因为没有注意到闪光灯的闪光同步问题。闪光同步可以简单理解为闪光灯在相机快门完全开启的同时进行闪光，从而实现胶片或感光元件完全感光。但是，还有一种情况就是闪光同步失败，或者是闪光不同步，即快门速度超过了闪光同步速度时，闪光灯闪光滞后于快门完全开启的状态，造成胶片或感光元件不能完全感光，这在下面一组效果照片中就可以看到。所以，在使用闪光灯时，要注意查看闪光同步时间，避免拍摄失败。以目前的数码单反相机来讲，大多是使用焦平面快门，其闪光同步最高快门速度大约在 1/60 秒—1/400 秒，超过了就可能会导致闪光不同步。而对于镜头快门来讲，则不存在闪光不同步的问题，任何快门速度都可以在闪光灯下安全使用。

光圈：f/8，曝光时间：1/125 秒，感光度：100，焦距：70mm
快门速度控制在闪光同步范围之内，闪光灯在快门完全开启的状态下闪光，整个画面完全曝光

光圈：f/4，曝光时间：1/450 秒，感光度：100，焦距：70mm
快门速度超出了闪光同步范围，闪光滞后于快门完全开启的时刻，造成部分画面无法曝光，画面出现黑条现象

感光度

感光度是影响画面曝光的三大要素之一，同时对画面的品质也会产生直接影响，了解感光度是进行数码摄影前的必备课。

光圈：f/2，曝光时间：1/500 秒，感光度：200，焦距：35mm

了解感光度

简单理解，感光度就是测定胶片或感光元件感光敏锐度的一个量化参数，即感光体对光线的感受能力，英文标识为 ISO，也是大家在平时交流或媒体网络上最常听到的一个摄影名词。常见的感光数值有 50、100、200、400、800、1600、3200 等，当然，在专业级数码单反相机中，感光度更是可以达到 10 万之多。感光度与光圈和快门速度一样，每两个相邻的数值之间，其曝光差值为 1 级，即 ISO100 的曝光量是 ISO50 的两倍。不过，感光度数值之间还可以被细化为半级或 1/3 级的关系，这在数码单反相机中都可以操作，如 ISO100，ISO150 等。现在的数码单反相机默认的感光度为 ISO100，该感光度下可以得到较好的画质，也是摄影人士经常使用的感光度设置。

ISO感光度

H(12800)

AUTO	100	125	160	200	250
320	400	500	640	800	1000
1250	1600	2000	2500	3200	4000
5000	6400	H(12800)			

不同感光度设置图

感光度与快门速度、光圈间的曝光关系

感光度最大的作用就是可以协同快门速度和光圈进行曝光控制。在一定的曝光值下，它们之间的曝光关系是此消彼长的关系，即在拍摄同一场景时，光圈不变，感光度设置越低，快门速度就需要越低，如 f/8，ISO100，1/200 秒 =f/8，ISO50，1/100 秒。或者快门速度一定，感光度越低，就需要越大的光圈，如 f/8，ISO100，1/200 秒 =f/5.6，ISO50，1/200 秒。但是，在实际拍摄中，并不是数值转换这么简单，因为光圈、快门速度和感光度的变化都会对画面效果带来实质性的影响，例如光圈大小变化带来的景深变化，快门速度的高低设置对画面清晰度的影响，感光度高低设置对画面品质的影响等。在对这三个曝光要素进行相关的调整时，需要拍摄者对所得画面的效果有清醒的预知，知道各个曝光要素对画面带来的影响，权衡利弊下，进行适当的调整设置。

光圈：f/3.5，曝光时间：1/25 秒，感光度：200，焦距：55mm
1/25秒的快门速度使得被大风吹动的竹子变得有些虚化和动感，如果我们想要减弱这种虚化效果，寻求一种相对静态的画面，最直接的方法就是提高快门速度，在 F3.5 已是最大光圈的情况下，就只能依靠提高感光度来实现操作了

光圈：f/3.5，曝光时间：1/80 秒，感光度：640，焦距：55mm
这张画面就是提高感光度得到较高快门速度后的拍摄效果。我们看到竹子确实被有效静态化了，但是因为感光度的提高，画面的颗粒和噪点也变得明显起来。如果要彻底凝固竹子，可能需要提高感光度到 1200 甚至更高，这对于一般的数码相机而言，1200 的感光度会给画面带来毁灭性的噪点颗粒，所以在实际拍摄中，是需要根据画面效果权衡曝光设置的

感光度对画质的影响

感光度根据感光强度的高低和对画面品质的影响，可以被分为低感光度（ISO100以下）、中感光度（ISO100—ISO200）、高感光度（ISO400—ISO800）以及超高感光度（ISO1600及以上）。中低感光度可以较逼真地还原拍摄对象，呈现细腻的画面，高感光度和超高感光度会给画面带来噪点，给色彩和细节呈现带来不好的影响。在实际拍摄中，虽然高感光度可以带来相对较高的快门速度，保证画面清晰，但随之带来的是画质的下降，不仅画面的噪点增多，图像锐度、色彩饱和度、细节表达、层次过渡、画面反差等都会受到不良影响。而低感光度虽然可以有效避免上述影响，但会降低快门速度，这在弱光拍摄或需要高速凝固画面时，会为拍摄带来困难。此时，使用三脚架就变得非常必要，可以保证使用更小的光圈，获得清晰的画面。

在平时拍摄时，以现在普通数码单反相机的设置来看，感光度设置在ISO400以下，画面品质不会受到大的影响，但是超过ISO800，画面品质就会明显下降，在拍摄时要时刻注意。当然，专业级的数码单反相机，可承受的最高感光度可能会更高。

感光度对画面品质的影响：

感光度设置	低感光度	高感光度
细节呈现	丰富	粗糙
图像锐度	高	低
噪点	轻微	严重
偏色	不偏色	偏色
色彩饱和度	还原逼真，饱和度高	色彩失真
层次过渡	过渡细腻、均匀	过渡生硬、刻板
画面反差	小	大

光圈：f/3.5，曝光时间：1/100秒，感光度：200，焦距：35mm，200的感光度，画面品质还算细腻

测 光

即使初学摄影的人都知道，准确的曝光是获得密度适中、层次丰富的照片的前提。而获得准确曝光的前提就是准确的测光，接下来将对测光的原理和方法详加介绍，帮助大家实现准确测光。

光圈：f/4，曝光时间：1/200 秒，感光度：100，焦距：24mm

测光原理

测光是指测光系统根据入射光线的条件自动确定曝光量的过程。测光的原理很简单，即测光系统均以反射率为 18% 的灰板为测光基准。18% 的灰度值是自然景物的中间影调值，在自动曝光的测光程序中，不管是面对反射光率 90% 以上的白色物体还是反射光率接近 0 的黑色物体，都会视物体的反射率为 18% 进行测光，并给出曝光组合参数。所以，测光系统的这一特点在光线条件复杂或低调与高调的画面中会很容易带来曝光偏差，造成曝光失误。

18% 灰卡实例图

在对拍摄体测光时，可以使用 18% 灰的标准灰板来帮助实现准确测光。18% 灰板是一张 8 英寸 ×10 英寸的卡片，在测光时，将其放在与拍摄对象同一测光处，对其进行测光可以得到准确的曝光参数。摄影初学者在拍摄过程中常常会出现画面曝光过度或曝光不足的情况，这让很多人深感困惑，不知道该如何测光，获得准确的曝光。出现这一问题根本上是照相机测光系统的测光原理所致，因为测光系统不管面对什么拍摄物体，都会以 18% 灰为测光依据，读取曝光组合参数。当拍摄者对白雪或高反光的景物拍摄时，测光系统所给出的曝光组合会远远低于实际的曝光数，导致画面曝光不足，白雪变成灰雪，高反光的景物变成深色；当拍摄者在暗环境下拍摄或拍摄黑色衣物等深色物体时，测光系统所给出的曝光组合参数远远高于实际的曝光数，导致画面曝光过度，暗环境变成亮环境，黑色的衣物变成了灰色。知道了测光系统的这一特性，在拍摄光比反差较大，或者明亮与深暗的环境与物体时，就可以进行适当的曝光补偿，实现正确曝光。

光圈：f/5.6，曝光时间：1/300 秒，感光度：100，焦距：35mm
在拍摄雪景时，因为机身测光表的局限性，很容易出现曝光不足，此图就是因为没有作曝光补偿而使画面变成了灰色

光圈：f/5.6，曝光时间：1/300 秒，感光度：100，焦距：35mm，曝光补偿：+1.3 级
在原先测光表的曝光数据上加 1.3 级曝光补偿后，白雪得到了正确的曝光，变成了白色，整个画面也明亮起来

光圈：f/11，曝光时间：1/200 秒，感光度：100，焦距：50mm
按测光表的数据曝光后，画面出现曝光过度，黑色的衣物变成了灰色，白色的背景甚至出现了光渗现象

光圈：f/11，曝光时间：1/200 秒，感光度：100，焦距：50mm，曝光补偿：–1.5 级
在原先曝光数据的基础上做 –1.5 级的曝光补偿后，黑色衣物的质感和色调被完美还原，惨白的背景变成了浅灰色，画面曝光准确

光圈：f/2，曝光时间：1/300 秒，感光度：100，焦距：35mm，中央重点测光

测光模式

目前，数码单反相机的测光模式都采用内测光，即TTL自动测光系统进行测光，根据其测光范围的不同，可以分为多种测光模式，了解和掌握它们的测光属性和特点，对于我们准确测光有很好的帮助。常见的测光模式主要有以下几种：

中央重点测光

中央重点测光是最常见的一种测光模式，是平均测光模式的一种，不同的是它对整个取景框范围的景物光照强度进行平均测量，但画面中央偏下部分为测量的重点，是一种介于平均测光与局部测光之间的测光模式。根据相机类型的不同，画面中央面积所占的比例也不相同，一般占据画面的20%—30%。因为我们在构图时一般习惯于将拍摄主体放置于画面中央位置附近，所以中央重点测光的依据更倾向于拍摄主体的光照强度，其测光精度要高于一般的平均测光模式。

中央重点测光是最适合摄影初学者的一种测光形式，主要适合于大光比的风景照、运动照、个人旅游照等。在某些数码单反相机上，中央重点测光的重点测光区域，其中心直径在取景框中可以自己选择，例如尼康D200可以选择6毫米、8毫米、10毫米或者13毫米，从而对不同的画面能有更加准确、合理的测光效果。

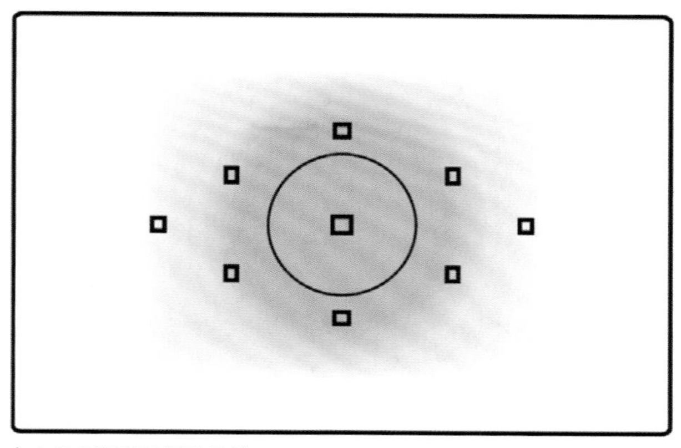

中央重点测光的测光区域

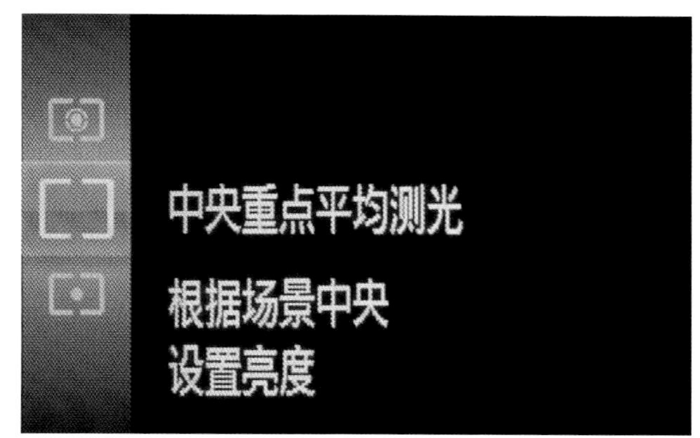

中央重点测光模式

光圈：f/2，曝光时间：1/100秒，感光度：100，焦距：35mm，中央重点测光
对于色调不是特别复杂的绿色植物来讲，使用中央重点测光模式完全可以得到较准确的曝光，但对于明暗反差较大或者光照条件复杂的画面，该测光模式可能会失效

局部测光

局部测光是介乎于中央重点测光与点测光之间的一种测光模式。中央重点测光是以中央区域为主，其他区域为辅的一种测光模式，局部测光则是只对画面中央的一块区域进行测光，测光范围在 6%—15% 之间，所以，局部测光在测光范围上要小于中央重点测光，大于点测光。点测光首先是由佳能公司使用，主要测量拍摄主体亮度，确保拍摄主体曝光准确，适合运用在特殊光线，或者光线条件比较复杂，或者测光范围比点测光更大的场景中。比如拍摄主体与背景反差比较强烈，而主体所占画面的面积又不大时，使用局部测光最为合适。

局部测光模式

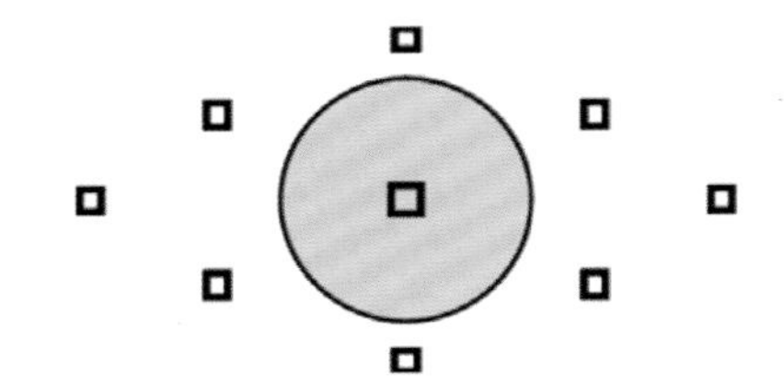

局部测光的测光区域

光圈：f/2，曝光时间：1/300 秒，感光度：100，焦距：30mm，局部测光模式
在主体与背景明暗反差较大的情况下，局部测光模式可以保证画面主体准确曝光

点测光

点测光的特点是只对画面中央很小的区域进行测光，测量范围仅占画面的 1%—5%，相机根据这一区域测得的光线作为曝光的依据。相对于其他几种测光模式，因为它很少受到测光区域以外的因素影响，是一种非常准确的测光模式，但是对于初学者较难掌握，因为它需要拍摄者对整体画面的曝光有一个宏观的预知，知道选择画面中的哪一个区域来进行点测光更加合适。一般来说，点测光的区域要选择 18% 灰才能获得更加准确的曝光，选择明亮的区域测光容易使画面曝光不足，选择阴暗的区域容易使画面曝光过度，都不可信。此时，一般需要摄影者凭借经验对其作出合适的曝光补偿，才能实现理想曝光，这也是初学者很难掌握点测光的原因之一。由于点测光的准确性，它多被运用在逆光拍摄、微距摄影、舞台摄影、肖像特写等题材中。

点测光模式

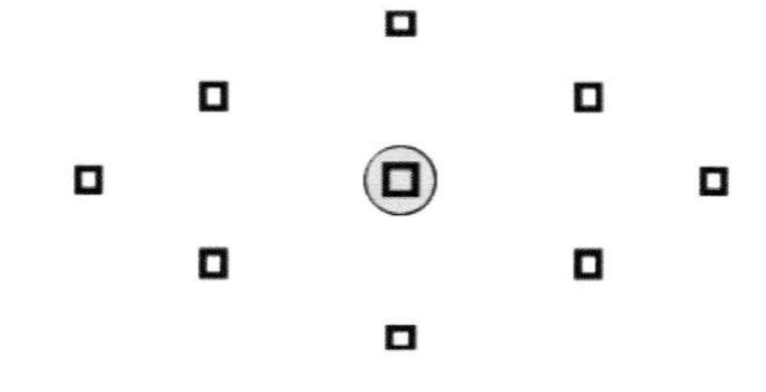
点测光的测光区域

光圈：f/8，曝光时间：1/200 秒，感光度：100，焦距：30mm，点测光模式
因为人的皮肤接近于 18% 灰，所以对手背进行点测光，就可以获得准确的曝光。若选择其他测光模式，因为画面的大部分是明亮的蓝天，会对测光系统带来干扰，人物的手臂和红色的发卡就会曝光不足

评价测光

评价测光又称作评估测光，由佳能公司首先推出，其高智能化的测光系统、高准确率的测光成果已成为摄影师和摄影爱好者普遍使用的测光模式。评价测光的原理是将取景器内的画面分成多个区域，对每个区域独立测光，然后将各个区域的测光值进行比较和运算，根据各个区域所在画面的重要性加以综合评估，分别加权平均得出最佳曝光值。它的这种高智能化测光形式，即使是对测光完全不了解的摄影新手也能拍摄出曝光比较准确的照片。

一般来讲，评价测光所分的区域越多，测光效果就越理想，适用于拍摄环境光照复杂、多变的场合，例如逆光摄影或景物反差强烈的情况下，还有一些团体照拍摄、家庭合影以及一般的风光摄影。

评价测光模式

评价测光的测光区域

光圈：f/11，曝光时间：1/200 秒，感光度：100，焦距：70mm，评价测光模式
使用评价测光模式，人物被剪影化处理，突出形态特征，背景和前景得到正常曝光，丰富的细节和影调层次给画面带来立体和空间效果，极富渲染性的色彩为画面带来强烈的感情色彩

曝光

曝光，简单理解就是将景物在胶片或感光元件上感光并变为影像的一个过程，正确地控制曝光可以保证被摄体得到最理想的还原，下面将对曝光的理论和控制曝光的方法进行详细的阐述，帮助大家实现完美曝光。

光圈：f/3.5，曝光时间：1/200 秒，感光度：100，焦距：35mm

曝光控制

在我们的实际拍摄中，会面对各种各样的拍摄景色，要想实现正确曝光，就必须进行相应的曝光控制。自动测光系统下，出现正确曝光的条件是：（1）被测物体的反光率是中等反光率。（2）被测物体虽然有深有浅，但平均反光率是中等反光率。当所拍景色的光线复杂，或光比反差很大的情况下，就要对曝光进行能动性的控制，确保准确曝光。

光圈：f/8，曝光时间：1/200 秒，感光度：100，焦距：50mm
没有过于明亮的表面，也没有过于深重的暗部，平静的画面下拥有着适中的明暗反差，在这种统一的绿色和灰红色调下，完全可以相信自动测光系统所提供给你的曝光读数

光圈：f/4，曝光时间：1/150 秒，感光度：200，焦距：50mm，自动曝光模式
午后斑驳的光线打在室内的白墙上，经验告诉我们，这一场景会产生强烈的明暗反差。此时如果只是依靠自动测光系统，一定会因为曝光过度而得到一张亮部惨白的照片（如上图）。所以你需要调到手动曝光模式，并在原先曝光的基础上降低 1–2 级设定曝光参数，就可以得到如右图一样的曝光效果

光圈：f/4，曝光时间：1/350 秒，感光度：200，焦距：50mm，手动曝光模式
进行了曝光控制的画面真实地还原了场景的光影效果，细腻地表达了午后阳光的现场氛围

一般情况下，进行曝光控制主要是为了达到两个目的：（1）真实还原被摄景物，或者符合摄影师个人的主观感受。要达到这一目的，摄影师需要选择一组正确的曝光组合参数，这一过程被称为订光。（2）影像的层次和色彩有良好表现。这需要摄影师对被摄体的亮度差距进行有效控制。控制景物的亮度范围，我们通常采取的方法是：改变景物的暗部照明；改变景物的亮部照明；改变构图对景物明暗作一定的取舍，使被摄体的亮度关系符合感光胶片或感光元件的特性。

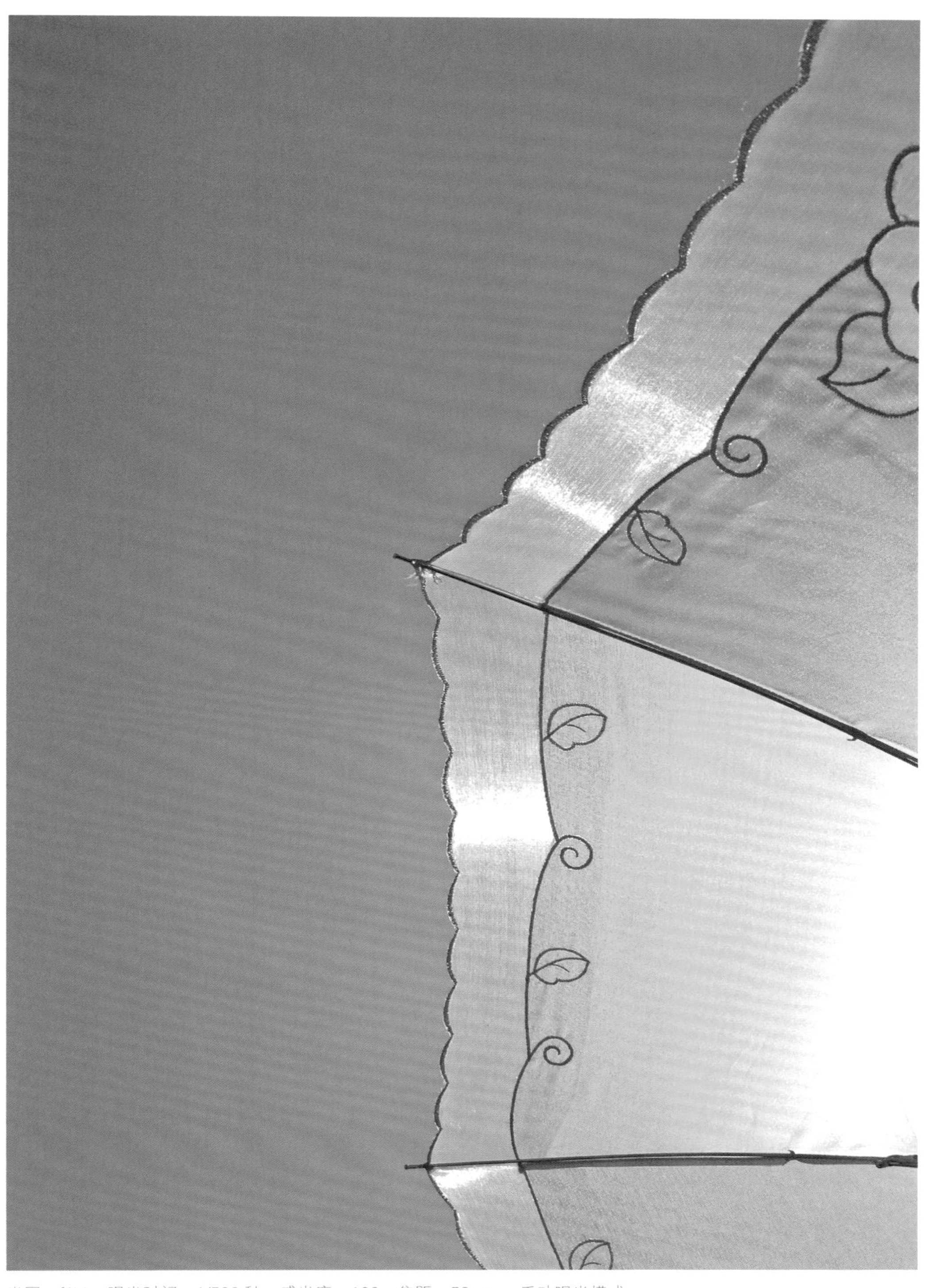

光圈：f/11，曝光时间：1/500 秒，感光度：100，焦距：50mm，手动曝光模式
利用太阳伞来遮挡强烈的太阳光，通过光线的透射来控制蓝天和太阳伞之间的明暗反差，完美表现了伞的细节和质感，并带来独特的视角

分区曝光法

对于摄影初学者，要对自己的画面进行曝光控制，可能会无计可施，不知道该采用什么方法对曝光进行有效的控制。下面我们将介绍一种经典的曝光控制方法——分区曝光法，帮助大家实现完美曝光。

分区曝光法是把胶片或感光元件的曝光特性归结为 0— X 共 10 个灰度等级，每一级的曝光量差距为 2 倍关系，其中，第 V 级为订光点，对应中亮度景物，即 18% 灰的曝光量，第 Ⅰ 到第Ⅳ级对应低亮度的景物，在画面中表示为暗区，第Ⅵ到第Ⅸ级对应高亮度的景物，在画面中表示为亮区。而第 0 级为没有任何纹理和层次的纯黑色，第Ⅹ级则表示没有任何纹理和细节的纯白色。其中第 Ⅲ 到第Ⅶ级可以保证影像有良好的影调层次，是摄影者主要的控制范围。我们可以使用案例来说明如何使用分区曝光法。例如，在快门优先模式下，用测光系统测得中亮度景物（18% 灰）的曝光参数为 f/11，我们以此为订光点，那么光圈 f/11 对应的景物亮度在分区曝光表中对应的就是Ⅴ区，它的上下各有 4 级可以得到较好的影调层次和色彩，那么亮度比 f/11 高 4 级的光圈值为 f/45，亮度比 f/11 低 4 级的光圈值为 f/2.8，也就是说，在曝光控制中，只要将景物的亮度控制在不高于 f/45，亮度不低于 f/2.8 的范围内，就可以被胶片或者感光元件记录下来。

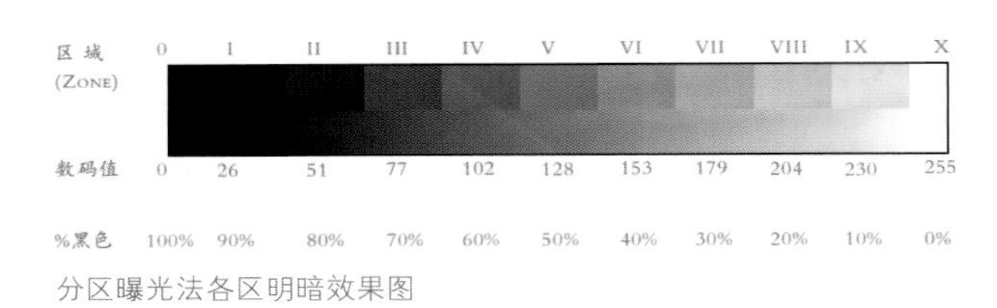

分区曝光法各区明暗效果图

分区曝光法的实例应用

曝光模式

手动曝光模式（M）

手动曝光模式是一种原始、经典的曝光模式。手动曝光模式的英文缩写为“M”，由拍摄者直接决定光圈和快门速度。虽然操作比较繁琐，但却能让摄影者明确掌握相机的曝光状态。严格来讲，其他的自动曝光模式只要在构图和角度上稍稍变更，曝光设定就会敏感地起变化，很容易造成曝光失误，但手动模式在确定构图和拍摄角度后，可固定光圈和快门速度，保证更加准确和安全地曝光。手动曝光模式也是可以充分体现摄影师控制曝光意图，反映个人摄影风格的一种创造性很强的曝光模式。

手动曝光模式示意图

光圈：f/5.6，曝光时间：1/250 秒，感光度：100，焦距：20mm，手动曝光模式
采用手动曝光模式，将逆光下的绿色树叶作为订光点来制定曝光参数，树叶细节得到很好的表达，背景的天空因为曝光过度而成为白色，更加突出了植物，简约了画面

光圈优先自动曝光模式（A，AV）

光圈优先自动曝光模式是一种可以手动设定光圈，相机根据测光结果自动设定快门速度的一种曝光模式。佳能以“AV”标注，尼康以“A”标注。光圈与景深有着密切的关系，使用光圈优先，可以优先控制画面的景深范围，而不用单独计算快门速度，这是在平时使用较多的一种拍摄模式。对于初学者，通过光圈优先模式可以很容易地掌握光圈数值，也可以直接操作光圈，根据不同的光圈系数体验景深和快门速度的变化。利用该模式，拍摄者除了设定光圈以外，还可预设曝光补偿、感光度、测光模式、自动对焦模式等，多被用于风光、静物、人像等题材的拍摄。

光圈优先自动曝光模式示意图

光圈：f/1.8，曝光时间：1/150 秒，感光度：100，焦距：30mm，光圈优先自动曝光模式
采用光圈优先自动曝光模式，可将光圈设定到最大来制造小景深，营造时下流行的局部清晰、背景虚化的清新效果

快门优先自动曝光模式（S，TV）

快门优先自动曝光模式可以手动设定快门速度，相机根据测光结果自动设定光圈值。佳能以“TV”标注，尼康以“S”标注。使用该曝光模式是为了表现所拍对象的动感或静止感而预先设定好快门速度，且使用闪光灯拍摄时，对于闪光同步速度的设定也较为有利。在捕捉快速移动的被摄体或者表现动感而追随拍摄时，要首先选择快门速度优先模式。使用该模式除了快门速度以外，拍摄者还可预设曝光补偿、感光度、测光模式、自动对焦模式等，较适合于拍摄新闻、体育、舞台等题材的动态摄影。

快门优先自动曝光模式示意图

光圈：f/5.6，曝光时间：1/400 秒，感光度：100，焦距：70mm，快门优先自动曝光模式
运用快门优先自动曝光模式，可以凝固或者虚化运动物体，制造自己想要的画面效果

程序自动曝光模式（P）

该模式下，相机根据测光结果自动选择光圈和快门速度，拍摄者可以全神贯注于画面的构图取景，非常适合抓拍、抢拍。一般用“P”来标注，拍摄者可以任意对光圈、曝光补偿、感光度、测光模式、内置闪光灯是否发光等进行设定，也完全可以不介入任何设定，都由照相机自动设置。乍一看，程序模式和全自动曝光模式之间好像没有什么区别，但在相同的拍摄状态下，内置闪光灯可能会通过全自动模式进行闪光，而程序模式下则不会。

程序自动曝光模式示意图

光圈：f/5.6，曝光时间：1/500秒，感光度：100，焦距：35mm，程序自动曝光模式
使用程序自动曝光模式可以省去你设置相机的顾虑，全心贯注于对拍摄对象的表情和动作的抓拍，但这一曝光模式对光线比较敏感，适合在反差不大，光线条件比较单一的条件下使用

曝光补偿

曝光补偿是数码单反相机的一项重要功能，它对于画面的准确曝光有着重要的作用，也是摄影师在画面表现上发挥能动作用的一个重要手段和途径。

光圈：f/2，曝光时间：1/60 秒，感光度：100，焦距：35mm，曝光补偿：–1 级
暗环境下，照相机的测光系统会给出一个相对较低的曝光读数，致使画面曝光过度，失去了夜景的效果，所以在拍摄时作 –1 级的曝光补偿，可以得到更加准确的曝光

曝光补偿的含义

曝光补偿是指将自动曝光系统的实际曝光量偏离测光系统测出的测光量的一种功能，根本上讲就是一种曝光控制的方式。曝光补偿的设定可以通过曝光补偿旋钮或数据输入拨盘，当补偿值取正（+）时，说明曝光量增加，取负（–）时，说明曝光量减少。例如曝光补偿量为 +1.0 时，说明曝光量增加了 1 级，曝光补偿量为 –0.5 时，说明曝光量减少了半级。目前的数码单反相机常见的曝光补偿值为 ±2EV—±3EV（EV 表示曝光级数），其中大多以 1/3EV 为间隔递增或递减，共有 –2.0、–1.7、–1.3、–1.0、–0.7、–0.3、+0.3、+0.7、+1.0、+1.3、+1.7、+2.0 等 12 个级别，摄影者可以根据所拍画面的实际情况和自己的拍摄经验进行适当的曝光调节。不过应该注意的是，曝光补偿功能只是自动曝光模式下的一个附属功能，只在各种自动曝光模式下才会有效，手动曝光模式下，曝光补偿功能便不能发挥作用，只能依靠手动调节光圈和快门速度，使曝光量偏离测光系统测出的曝光量。

曝光补偿按钮

曝光补偿的作用

改变曝光量

这是曝光补偿最为显著的作用。改变曝光量的缘由大体可以归纳为以下三类:

还原物体影调

有些物体其自身过于明亮或暗淡，如白色的物体、反光性物体、黑色的物体等，以至于依据测光系统的测光结果无法真实还原被摄体的影调层次，此时运用曝光补偿功能，就可以实现逼真还原。

光圈：f/11，曝光时间：1/400 秒，感光度：100，焦距：35mm，曝光补偿：+1 级
拍摄白雪时，依照测光表读数曝光会将白雪拍成灰雪，运用曝光补偿功能增加曝光，可以将白雪真实还原，并能够保证细节

控制光圈

在拍摄时，为了获得足够的小景深或大景深效果，需要对光圈作出调整，这时，在光线条件一定的情况下，往往需要牺牲快门速度或感光度，这会为拍摄带来很多不便和限制，影响画面效果。但是使用曝光补偿功能，逐级增加或减少曝光量，就可以使光圈得到相应级别的调整。如 ±2 级曝光补偿，就可以在不动快门速度和感光度的情况下，使原本曝光参数中的 f/8 变为 f/4 或 f/16，从而起到改变景深效果的作用。

光圈：f/2，曝光时间：1/100 秒，感光度：100，焦距：70mm，曝光补偿：+1 级
在需要光圈开到最大来制造小景深效果时，可以通过增加曝光补偿来保证较高的快门速度和较低的感光度，使画面的品质得到保证

控制快门速度

在拍摄时，为了控制画面情势效果，尤其是在拍摄动体景物时，需要对快门速度作出调整，这时，在光线条件一定的情况下，往往需要牺牲光圈或感光度，这也会为画面带来诸多影响。此时使用曝光补偿功能，也可以使快门速度得到相应级别的调整，实现画面控制。如 ±2 级曝光补偿，就可以在不动光圈或感光度的情况下，使原本曝光参数中的快门速度由 1/60 秒变为 1/15 秒，使动体虚化，或者变为 1/250 秒，使动体凝固。

光圈：f/5.6，曝光时间：1/20 秒，感光度：100，焦距：120mm，曝光补偿：–2 级
你如果既想得到一个较小的景深，还想将背景的水流有效虚化，除了降低感光度外，最有效的方法就是减少曝光补偿来保持较低的快门速度和较大的光圈

改变感光度

在有些情况下，我们往往不得不提高感光度来获得自己需要的画面，但是牺牲的却是画面的品质。此时使用曝光补偿功能，就可以有效降低感光度，避免噪点、颗粒的产生，使被摄景物得到逼真还原，保证高品质的画面效果。

光圈：f/5.6，曝光时间：1/60 秒，感光度：200，焦距：60mm，曝光补偿：+2 级
在环境较暗的拍摄条件下，提高感光度虽然可以提高快门速度，保证拍摄清晰，但是过高的感光度会给画面带来噪点和颗粒，所以不妨试一试曝光补偿

包围曝光

包围曝光的目的就是为了保证能够得到一张曝光准确的照片。它是对同一拍摄对象连续拍摄多张（一般为 3–5 张照片）不同曝光量的照片，从中获得准确曝光的一种方法。当拍摄者无法保证曝光的准确度时，使用自动包围曝光，就可以保证曝光的准确度，提高照片品质。在使用自动包围曝光时，可以依据测光系统的测光值先曝光一张照片，然后在其基础上增加和减少一定的曝光量各拍摄一张，一般可以按级差为 1/3EV、0.5EV 或 1.0EV 等来调节曝光量进行多次拍摄。一般是在光线条件比较复杂，或者是重要的拍摄时刻，为确保获得准确曝光的照片而采取的稳妥之举。

光圈：f/3.5，曝光时间：1/100 秒，感光度：100，焦距：30mm，正常曝光
采用自动曝光模式时，因为拍摄环境的影响，比如光线暗淡或处在阴影中，在正常曝光下可能会得到曝光过度的照片，白色没有了层次，画面整体偏亮

光圈：f/3.5，曝光时间：1/100 秒，感光度：100，焦距：30mm，–1 级曝光量
运用包围曝光，按 1 级曝光差减少曝光后，画面影调沉稳，白色层次丰富，曝光更加理想

光圈：f/3.5，曝光时间：1/100 秒，感光度：100，焦距：30mm，+1 级曝光量
运用包围曝光，按 1 级曝光差增加曝光后，曝光过度更加明显

景深

景深是指画面中与焦点相对的前后清晰范围。学会控制景深，对于画面的表现非常有用。在实际拍摄中，景深变化主要受三个要素的影响，掌握了决定景深的三要素就可以恰到好处地控制景深。

光圈：f/3.5，曝光时间：1/200 秒，感光度：100，焦距：30mm

景深三要素

决定景深的三要素分别是镜头的焦距、光圈和拍摄距离。它们与景深的内在关系是：镜头的焦距越长，景深越小，焦距越短，景深越大；光圈越大，景深越小，光圈越小，景深越大；拍摄距离越长，景深越大，拍摄距离越短，景深越小。比如广角镜头与长焦镜头在拍摄同一场景时，广角镜头的画面景深就大于长焦镜头；f/2.8 光圈的景深要小于f/11 光圈的景深；远距离拍摄的场景，清晰范围要大于近距离拍摄的场景。这三要素在实际拍摄过程中互为影响，要根据实际拍摄情况合理搭配和运用，才能成功地控制景深。

光圈：f/3.5，曝光时间：1/500 秒，感光度：100，焦距：20mm
即使在较大的光圈下，广角镜头仍然可以带来较大的景深效果，前景和背景几乎都在清晰范围内

光圈：f/3.5，曝光时间：1/550 秒，感光度：100，焦距：110mm
光圈不变，改变焦距段后，长焦端带来的却是景物的放大和景深的缩小。除了前景中的花是清晰的外，背景已处于模糊之中
通过上面两图的对比可以看到，在同样的光圈下，拍摄距离不变，焦距越短，景深越大，焦距越长，景深越小

光圈：f/2，曝光时间：1/500 秒，感光度：200，焦距：35mm
近距离拍摄花卉，在大光圈下呈现窄小的景深范围

光圈：f/22，曝光时间：1/8 秒，感光度：200，焦距：35mm
在同一角度同一距离下，将光圈缩小至 F22 后，画面的清晰范围明显扩大
通过上面两组照片的对比可以看到，在同一拍摄距离和焦距下，光圈越大，景深越小，光圈越小，景深越大

光圈：f/2，曝光时间：1/1250 秒，感光度：200，焦距：35mm
虽然是最大光圈，但远距离拍摄的画面清晰范围依然很大，前景的树木和中景的房屋都在清晰范围内

光圈：f/2，曝光时间：1/1000 秒，感光度：200，焦距：35mm
在相同的光圈和焦距下，走近拍摄房屋，近景中的树木已经虚化，只有房屋处在清晰范围内，景深变小
通过上面两组照片的对比可以看出，光圈不变，焦距不变的情况下，拍摄距离的改变对画面景深的影响

景深预览功能

景深预览功能是可以在拍摄前预览景深的一种功能，这对景深没有多少认识和实际把握的摄影初学者相当有用，可以帮助他们更好地控制景深，表达主题。

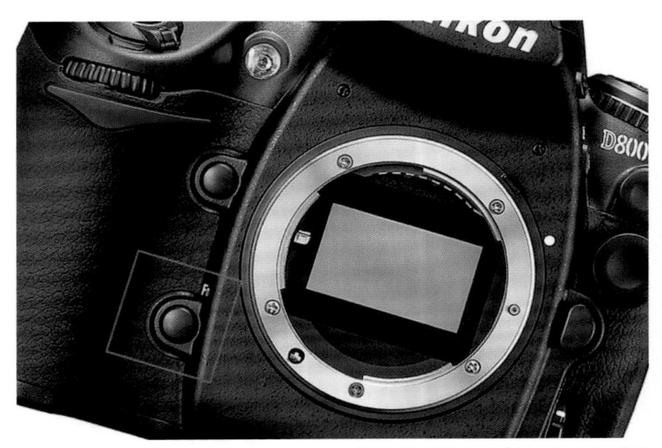

在拍摄前按下景深预览键（Fn），取景器的视野会变得灰暗，此时画面的景深效果就是所拍摄的实际效果，你需要仔细查看前后的画面效果，做出景深判断

当摄影者通过镜头取景时，镜头的光圈都保持在最大光圈，只有在按下快门的时候，镜头光圈才会变为曝光时设置的光圈，所以摄影者在拍摄前无法从取景器中看到实际拍摄的画面景深情况，这对画面效果的掌控就变弱了。而在拍摄前使用景深预览功能，就可以将最大光圈恢复到曝光时的光圈设置，摄影者就可以从取景器中观看到拍摄后的景深效果，为自己拍摄的画面做出指导。

这是在光圈为 f/22 时，取景器中的聚焦效果。由此看到，取景器在聚焦时为保持视野的明亮度，总是将光圈保持在最大系数上，以保证准确聚焦。所以在按下快门之前很难判断画面的实际景深范围

按下景深预览按钮后，取景器中的视野立即变暗，画面中的景深发生了变化，而此时的景深范围正是 f/22 光圈下的实际效果

白平衡

所谓白平衡，就是指在不同色温的光线条件下，照相机系统可以通过调整红、绿、蓝三原色的比例，使被摄景物得到准确的色彩还原。

我们在日常拍摄中，会遇到各种光源，因为光源不同，其色温会不同，所以拍摄的画面会出现偏色，而白平衡就是用来解决这一问题的。白平衡具有以下作用：

（1）纠正色温，还原拍摄主体的色彩，使在不同光源条件下拍摄的画面同人眼观看的画面色彩相近。

（2）通过控制色温，可以获得色彩效果迥异的照片。

白平衡菜单示意图

光圈：f/2，曝光时间：1/70 秒，感光度：400，焦距：75mm，阴天白平衡模式

在夕阳西照下，将相机的白平衡模式设置到荧光灯模式，可以得到独特的蓝色调效果。加之夕阳的暖色光，使画面的色彩对比更加强烈

光圈：f/2，曝光时间：1/50 秒，感光度：400，焦距：35mm，自动白平衡

设置白平衡

为了防止画面偏色，在不同色温的光源条件下，要对相机进行白平衡设置。所谓设置白平衡就是对拍摄环境的光源属性进行设置，使最终拍出的照片偏色现象减少或者彻底消除。不同的白平衡设置，会得到完全不同的色彩效果。现在数码单反相机上的白平衡设置较为丰富，适合于不同环境和光线下的色彩还原，相对应的白平衡设置有日光白平衡、阴影白平衡、阴天白平衡、钨丝灯白平衡、荧光灯白平衡等。

自动白平衡

所有数码相机基本都具备自动白平衡设置，它的准确率较高，在大多数拍摄场合，我们都会使用它，只有在自动白平衡模式失效或通过该模式无法得到预想色彩的情况下，我们才会选择其他白平衡模式。

光圈：f/2，曝光时间：1/40秒，感光度：800，焦距：35mm，自动白平衡模式
通常情况下，自动白平衡都能够帮你解决色彩偏差，真实还原景物色彩

荧光灯模式

该模式适合在荧光灯下使用，但荧光灯种类繁多，色温不一，如偏冷白或暖白等，就使得该模式在调节白平衡时容易出现偏差。但现在有些相机针对不同种类的荧光灯在白平衡模式上做了细致的分类，因此，摄影师在拍摄时必须确定照明属哪种“荧光”，确保相机能够进行效果最佳的白平衡设置。若实在难以掌控，最好的办法就是“试拍”。

光圈：f/2，曝光时间：1/40秒，感光度：400，焦距：35mm，荧光灯白平衡模式
小橱窗中的银首饰在荧光灯的照射下，愈发耀白，拍摄时使用荧光灯白平衡模式真实还原白银的这种色泽

钨丝灯模式

该模式适合在室内钨丝灯的光线环境下拍摄，用于矫正在钨丝灯光照条件下，由于色温的不同而带来的色彩变化，达到正确还原被摄物体色彩的效果。

光圈：f/2，曝光时间：1/60 秒，感光度：400，焦距：35mm，钨丝灯白平衡模式

钨丝灯的色温较低，光线偏向暖黄色，所以在它的照射下，景物都偏向暖色。要想还原景物的色彩，就必须设置白平衡。钨丝灯白平衡模式可以矫正这种光线色彩偏差

光圈：f/2，曝光时间：1/60 秒，感光度：400，焦距：35mm，自动白平衡模式

但有的时候，反其道而为之，不对白平衡做出调节反而更具别样效果。利用白平衡为画面制造特殊的色彩基调，可以得到更加真实和绚丽的画面。比如这张照片，相对于上面一张，正是运用白平衡夸张了钨丝灯的光线色彩，使得整个画面富丽堂皇，景物也变得更加生动，引人注目。所以白平衡模式只是一种规则或者手段，善于打破这些规则，运用更富多样性的手段来表现画面，才是摄影的真正快乐和魅力之处

阴影模式

该模式适用于阴影或没有太阳直射的光照条件下使用，能够消除因为蓝天反射所带来的蓝色倾向，达到正确还原被摄物体色彩的效果。这种模式不是在所有的数码照相机上都有设置，通常来讲，白平衡系统的最优表现状态是在室外，阴影模式等其他特殊模式都是相机制造商在相机上添加的个性模式，这些白平衡的使用依相机的不同而不同。

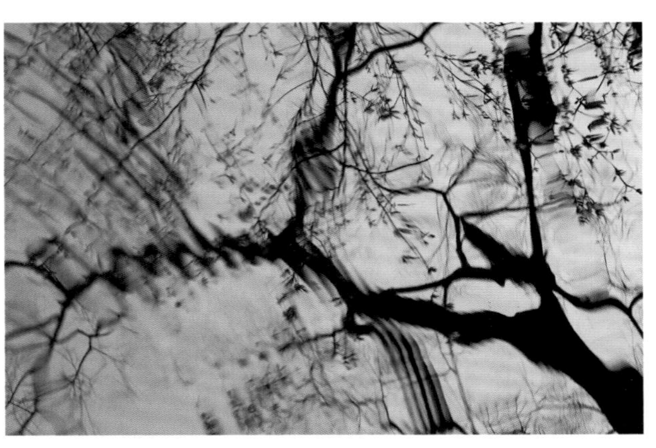

光圈：f/4，曝光时间：1/125 秒，感光度：200，焦距：24mm，阴影白平衡模式

处于阴影中的水面反射出彩树的倒影，此时使用阴影白平衡模式，不仅可以适当表现水面的绿色和树木的彩叶，更能够带来红与绿的色彩对比，使画面更富生趣，颇有一番水墨的味道

手动白平衡

手动白平衡是为影友得到色彩还原更加正确的照片而设置的模式，影友可在现场光条件下进行自定义调节。一般的操作方法是，在拍摄现场寻找有纯白色的物体（如纯白色墙体），用镜头对准它，并使其充满整个画面，然后调整手动白平衡，不同的数码单反照相机的调整方法不同，具体可参阅说明书，一般是按住手动白平衡按钮1－2秒，白平衡系统提示设置完毕即可。如果拍摄现场没有纯白色物体，可自带一张白纸。

光圈：f/3.5，曝光时间：1/100秒，感光度：200，焦距：35mm，手动白平衡模式

不同白平衡设置所对应的现场光线：

白平衡设置	适用的光线条件
自动白平衡模式	相机自动决定白平衡设置，适用范围较广，但色彩还原的准确性不高
日光白平衡模式	适用于晴天的户外光线
阴天白平衡模式	适用于阴天或多云的户外光线
阴影白平衡模式	适用于阴影或白天室内自然光线
钨丝灯白平衡模式	适用于钨丝灯照明光线
荧光灯白平衡模式	适用于荧光灯照明光线
手动白平衡模式	根据环境光线测定正确的白平衡，操作麻烦但很精确

对同一画面进行不同白平衡设置会产生不同的画面效果：

自动白平衡示意图

日光白平衡示意图

阴天白平衡示意图

钨丝灯白平衡示意图

阴影白平衡示意图

荧光灯白平衡示意图

对焦

通常来讲，对焦准确是评价一张照片成功与否的最基本标准。对于摄影初学者，正确对焦是练习的基础。现在数码单反相机的对焦方式不外乎三种：自动对焦、手动对焦、多重对焦。

光圈：f/2，曝光时间：1/500 秒，感光度：200，焦距：35mm，手动对焦

自动对焦

自动对焦是相机上所设有的一种通过电子及机械装置自动完成对被摄体清晰对焦的一种功能。自动对焦在对焦速度上远远胜过人工对焦，而且聚焦准确性高，操作方便，对于摄影初学者来说不容易错失拍摄良机，可以使拍摄者将精力集中到构图取景上。不过在景物反差太低或被摄体表面过于平滑时，自动对焦就可能会失效。

其中，自动对焦模式中，最经常使用的对焦模式为单次自动对焦模式、人工智能自动对焦模式和跟踪自动对焦模式。

光圈：f/3.5，曝光时间：1/125 秒，感光度：200，焦距：110mm
平滑的白墙表面对于自动对焦系统来讲是个挑战，你需要寻找有较大对比的元素来帮助对焦，如景物的投影或者是明显的物件等

单次自动对焦模式

单次自动对焦模式常用的标记为“one shot”。半按快门按钮启动自动对焦功能，并实现一次对焦，对焦完成后，只要保持半按快门，就可以锁定对焦点重新构图，当拍摄主体不在画面中心时，这一功能尤其有用。所以，单次自动对焦模式更加适合于拍摄静止的景物。

光圈：f/3.5，曝光时间：1/100 秒，感光度：200，焦距：35mm
在构图时，因为清晰的主体要位于画面右下方，所以运用单次自动对焦模式先对主体清晰对焦后锁定，再重新构图，得到预先构想的画面效果。当被摄主体位于对焦区域内时，也可以通过调节对焦点在十字对焦区中的位置实现准确对焦

人工智能伺服自动对焦模式

该对焦模式也被称为调焦优先自动对焦模式，在拍摄对焦距离不断变化的运动物体时，该对焦模式可以使对焦点追随运动物体移动对焦。拍摄时只需半按快门对连续运动的物体对焦，在出现需要的动作和画面时全按快门曝光拍摄，曝光量在拍摄瞬间自动确定。适合于拍摄移动的小孩、小动物、时装发布会、体育运动等题材。

光圈：f/8，曝光时间：1/125 秒，感光度：200，焦距：120mm
使用人工智能伺服自动对焦模式追随运动员拍摄，确保在精彩的瞬间能够准确抓拍，且对焦清晰

人工智能自动对焦模式

人工智能自动对焦模式是可以根据画面中被摄主体的存在状态，即静止的还是运动的，在单次自动对焦模式和人工智能伺服自动对焦模式之间自行切换的一种高智能自动对焦模式。采用这种对焦模式，拍摄者就可以不必考虑被摄体的状态而单独去切换自动对焦模式，从而将注意力更加集中在拍摄上。

光圈：f/3.5，曝光时间：1/200 秒，感光度：200，焦距：200mm
使用人工智能自动对焦模式可保证对焦更加准确，同时给予拍摄者以更多的抓拍精力

手动对焦

手动对焦是一种能够充分体现拍摄者主观意识的对焦模式，拍摄者不用受自动化制约，可以任意选择自己感兴趣的对焦点。它通过手工转动对焦环来调节镜头，实现清晰对焦。不过它在很大程度上依赖于人眼对对焦屏上影像清晰程度的辨别，如果视力不好，或者熟练程度不够，很容易跑焦。所以手动对焦的操作性强，对拍摄者的把握力要求较高。在拍摄环境较暗或有特殊拍摄需要的情况下，自动对焦功能不能在理想位置锁定焦点，此时使用手动对焦功能就显得特别有用。

光圈：f/3.5，曝光时间：1/90 秒，感光度：200，焦距：35mm
使用手动对焦模式选择自己感兴趣区域对焦，灵活性和控制性强。如果你对自己的对焦判断有足够的信心，不妨多多运用之，这会给你带来更多的拍摄快感

多重对焦

多重对焦功能又称为多区域对焦，是一种更加准确、方便的对焦模式。当拍摄主体不在画面中心时，多重对焦仍然可以实现准确对焦。常见的多重对焦有5点、7点和9点对焦，适用于画面上有多个物体或被摄主体偏离中心的场合。另外，多重对焦还可以自由选择对焦点，随意控制对焦位置，这样就省去了单次自动对焦时需要重新变换构图的麻烦。

光圈：f/3.5，曝光时间：1/300秒，感光度：200，焦距：120mm
多重对焦在许多单反数码相机中有设置，一些高端的机器，对焦点甚至已经达到了50多个，对于初涉摄影的朋友来讲，这是一个福音，因为对焦准不准确在某种层面上是评断一张照片是否成功的基本标准

Chapter 3 构图实战精讲

构图是学习摄影的理论基础，也是决定摄影作品成败的重要因素，学习构图的理论和技巧是一个摄影初学者进入摄影殿堂前的必修课。下面所介绍的知识点都是构图中的经典，只要掌握了这些精粹，就可以在自己的画面中组织出地道的构图，进入到专业的拍摄领域。

光圈：f/8，曝光时间：1/250 秒，感光度：100，焦距：35mm
学会构图，然后你的画面充满美的秩序和简练的形式美感，从此你便拥有了开启摄影大门的钥匙

保持简洁

对于摄影初学者，最容易犯的一个错误就是想把所有的景物都拍下来，以致画面混乱不堪，没有主次。其实，在摄影构图中，更多的是在做“减法”，画面越简洁，效果反而越有力。

光圈：f/5.6，曝光时间：1/800 秒，感光度：100，焦距：24mm
见到美丽的景色，就会迫不及待地要把它们收入画面，此时最容易犯的一个错误就是不分主次，一股脑儿的全部拍摄下来，结果画面乱作一团，虽然也具有一定的色彩美感，但却缺失了最重要的主次形式

右图。光圈：f/2，曝光时间：1/1250 秒，感光度：200，焦距：35mm
见到美丽的景色，先不要着急去拍摄，不妨先在心中构思一下，该如何去更好地表现它。比如这幅照片，面对密密匝匝的花枝，最有效的表现方法就是去繁就简，试着靠近它，选取最有亮点的局部作为主体，并运用小景深虚化背景，同时采用仰拍角度，用蓝天来简洁画面，并与鲜花和绿叶形成色彩上的对比，突出主体。相对于上一幅不分主次的照片，是不是效果截然不同了呢

保持画面简洁的一个有效方法就是选取被摄主体，即确定画面的视觉中心。保证画面中有一个鲜明的拍摄主体，尽量舍弃掉多余的画面元素，可以保证画面简洁，主体突出。此外，在画面中运用点、线、面的构置，强化设计感，简洁元素，可以帮助突出主体，简洁画面。

光圈：f/5.6，曝光时间：1/125 秒，感光度：200，焦距：24mm
画面简洁的形式感：点、线、面的对称构成，使得画面富有秩序美感，突出了城墙的同时，也将观者的视线引向了画面右边的点—太阳

光圈：f/2，曝光时间：1/250 秒，感光度：100，焦距：50mm
选择鲜明的拍摄个体作为画面的视觉中心，可以帮助画面很容易地寻找到表现主体，保证画面的简洁有力

横构图与竖构图

用 135 单反相机拍摄的画面构图都可以归结为两种形式：横构图和竖构图，它们是最基本也是最常见的构图形式。在拍摄之前，首先确定画幅是横构图还是竖构图，是摄影者必须要做的。摄影初学者拿起相机拍摄的第一张画面一般都会是横构图的画面，因为当我们拿起相机平端拍摄时，一般都会习惯性地横握相机，而 135 单反相机的画幅或者说取景框的长宽比例都是长方形的，所以横握拍摄所得的画面都是横向延伸的横构图形式，因此横构图相较于竖构图被更多地采用。

光圈：f/11，曝光时间：1/350 秒，感光度：100，焦距：35mm
横构图更能够发挥横向线条的作用，带来运动的韵律感，并能够表现更宽阔的空间，容纳更丰富的画面信息。同时，在分割画面和帮助构图上也效果显著，适合拍摄大场景和风光题材的照片

光圈：f/4，曝光时间：1/250 秒，感光度：100，焦距：75mm
竖构图非常适合表现竖向延伸的景物，比如花卉，从低角度仰视拍摄，不仅可以表现花卉茎叶的修长，更可以带来不一样的观看角度和视觉效果

光圈：f/22，曝光时间：1/250 秒，感光度：100，焦距：21mm
横构图带来广阔的场景空间效果，画面感大气、恢弘。只是在处理地平线时要格外注意，防止地平线倾斜，影响构图的稳定性

与竖构图相比，横构图更具有静态感，适合于拍摄宏大的场景，如美丽的风景、宽敞的空间、横向流淌的小河、蜿蜒的山脉等。因为它横向延伸的特性，所以它在表现更加倾向于具有横向延伸特质的景物时更具优越性。而竖构图相较于横构图，更容易让人联想到动感和活力，适合于拍摄竖长的景物，如美丽的全身肖像、高耸的树木、建筑等。因为它纵向延伸的特性，它在表现具有纵向延伸特质的景物时更具优越性。

光圈：f/5.6，曝光时间：1/150 秒，感光度：200，焦距：21mm
竖构图带给人向上的运动感，充满活力，对于竖长的空间景物来讲，不管是平视拍摄还是仰视拍摄，都能够带来不错的画面透视效果

三分法构图

黄金比例

黄金比例是一种经典分割。因为它的分割比例最符合我们的视觉美学，所以被广泛运用在艺术构图上。我们的 135 相机画幅的长和宽比例基本保持在 2 ：3，与黄金比例 1 ：1.618 非常类似。理解黄金比例可以用构造矩形图来分析。从一个矩形图内部任意勾勒出一个最大尺寸的正方形，如果剩下的矩形比例与除掉正方形之前的矩形比例一致的话，那么原先矩形的长和宽比例就刚好为 1 ：1.618。如果这个矩形是我们的取景框，要想进行黄金分割的话，那么就必须要保证取景框长边宽的部分 : 窄的部分 = 取景框长边 : 取景框宽边。

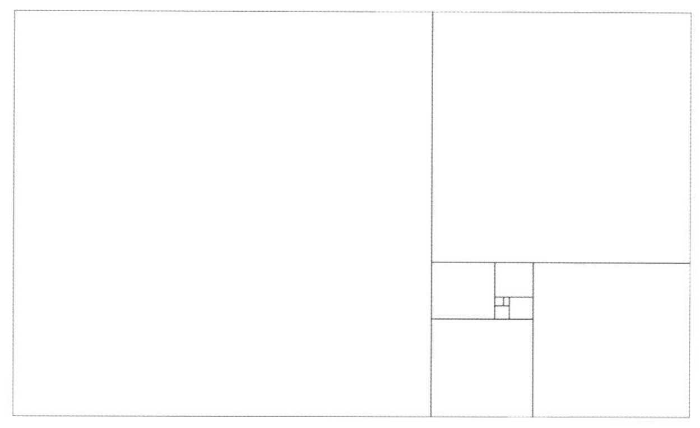

黄金矩形。最长边与最短边的比例为 1 ：1.618。如果在矩形内画一个正方形，那么剩余的部分也是一个黄金矩形。这个过程可以无限重复下去

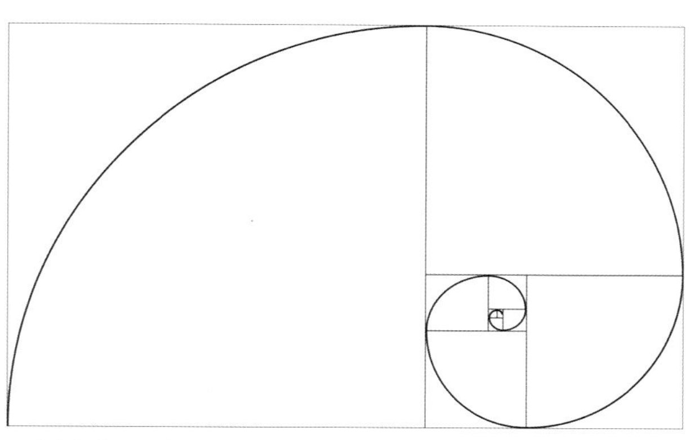

以黄金螺旋线为特征的黄金矩形。这条曲线从每个正方形的对角穿过而画成。对画面主体而言，螺旋线终止的地方就是最关键的黄金位置

光圈：f/3.5，曝光时间：1/450 秒，感光度：200，焦距：35mm
位于黄金分割点上的主体为画面带来生动、舒适的视觉感受

三分法构图

三分法构图是由黄金比例延伸出来的一种构图方法。它是将画面横向和竖向分别分成三等份，横向分割线和竖向分割线相交的四个点就是画面的黄金分割点。在构图时，只要将拍摄主体放置在这些黄金分割点上，就可以取得安全、和谐的画面效果。当然，这一规则只限于对构图没有太多把握能力和经验的摄影初学者，如果你已经有了一定的拍摄经验，那么灵活运用构图规则就变得很重要了。在拍摄时，依据拍摄环境和主体来灵活构图，不刻板地遵循规则，才能获得别样的画面效果。遵守规则，最终打破规则是摄影艺术道路上必然要经历的过程。

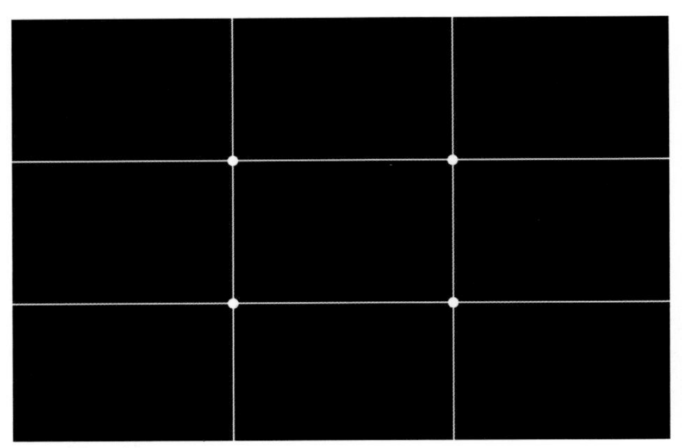

三分法构图效果图

光圈：f/22，曝光时间：1/100 秒，感光度：200，焦距：35mm
将主体构置于画面的黄金分割点上，在人物的视线方向上留出足够的空间来舒缓画面，营造意境，构图平稳、和谐

光圈：f/8，曝光时间：1/250 秒，感光度：200，焦距：40mm
在熟练掌握了三分法构图后，你就可以进行独具个性的构图创作了。你可以充分发挥自己的聪明才智，在画面构造上推陈出新，尽洒才华，创造更多独特的构图效果，而不必拘泥于现有的构图规则。比如这幅画面，作者采用独特的方向式构图，利用人物的动向使画面富有趣味，有意在人物的身后留下大的空间，给人以美好的联想

透 视

透视是摄影中的一个重要知识点，了解透视对于营造画面，呈现逼真的三维空间效果异常有利，因为对于一幅画面来讲，一定程度上，没有什么比强烈的空间感更能打动人心的了。之所以要研究透视，就是因为我们面对的景色是三维立体的，而相机所拍摄的画面都是二维平面的，而如何将二维平面产生三维空间的意境，是每一个画面创作者都要面对的问题。要解决这一问题，首先就要对透视有一个清醒的了解。通常意义上理解的透视大多为线性透视，即两条平行的直线会在远处相交于一点，我们比较熟悉的场景如铁轨、公路等。现在我们将表现透视的几种技法归结如下，帮助大家来学习和运用透视：

光圈：f/11，曝光时间：1/250 秒，感光度：100，焦距：35mm
向远处汇聚的线条为二维平面的画面营造出三维空间的视觉效果，非常生动

直线透视

从照相机处向画面深处延伸的平行线总是会汇聚于远方，这种现象我们称之为直线透视，是我们在画面表现时要利用的一种重要透视形式。直线透视可以为画面带来强烈的深度感和距离感，如向远处延伸的公路消失于地平线，并牵引人们的视线到远方。在画面中有效利用直线性景物，并通过视点的选择，比如靠近低角度拍摄，或者选择广角镜头强化汇聚效果，来获得更加戏剧性的透视效果。

光圈：f/3.5，曝光时间：1/150 秒，感光度：100，焦距：24mm
广角镜头的运用，将平行线条的透视进行了夸张和渲染，营造出强烈的空间效果，极富视觉感染力

渐减透视

渐减透视是直线透视的一种，是指大小相同的事物从近处开始向远处延伸排列时所产生的近大远小的透视感，表现为高度上的逐渐缩小，最后汇聚成为一个点。这种透视场景在我们日常拍摄中会经常遇到，如林荫道上并排的树木、栏杆、路灯、汽车等。所以在拍摄具有类似特征的物体时，就可以运用渐减透视法来强化空间意境，使画面具有秩序感。一般来讲，广角镜头的夸张能力更能够强化这种透视变化，所以拍摄类似景物时，比较适合运用广角镜头表现。

光圈：f/5.6，曝光时间：1/300 秒，感光度：200，焦距：35mm
并排竖立的树干富有秩序地向画面深处渐减透视，广角镜头的使用夸张了这一透视效果，在富有节奏的线条变化中，我们找到了一种熟悉的画面美感

大气透视

大气透视是大气中的光因为水蒸气和灰尘等发生散射和折射，变得散乱而形成的透视。正因为光在大气中变得散乱，使得远处的事物或者地形变得迷糊不清晰，也就是我们通常所说的薄雾天气，这种天气下所形成的近处清晰、远处模糊的视觉效果，正是我们需要很好利用的一种控制空间深度的方法。表现大气透视时，最好是使用广角镜头在直射光下拍摄，如此可保证近处景物质感十足，画面不会过于灰暗。一般早上的雾霾或者傍晚的薄雾会是运用大气透视较好的天气条件。

光圈：f/2.8，曝光时间：1/60 秒，感光度：100，焦距：50mm
傍晚的薄雾加上蓝色的天空光，给远处的景物带来了朦胧的空间意境，加之使用大光圈虚化背景，为画面带来更富意境的空间透视效果，将夜幕降临，华灯初上的情景表现得淋漓尽致

视觉中心

一幅画面如果没有视觉中心，会让观看者非常迷惑，不知道画面在表达什么。对于一个摄影初学者来说，首先为自己的画面寻找一个视觉中心，是获得成功作品非常有效的途径。所谓视觉中心，就是画面的兴趣点，可以是主体，也可以是主体上的某一部分，它处于画面布局的显要位置，最能够吸引观者视线。当某一处景物吸引你去拍摄时，需要先问自己吸引你的是什么，该如何突出它，使之成为视觉中心。这里，可以有三种方法帮助你快速找到视觉中心，并确保画面中的其他细节不会喧宾夺主，当然，这三种方法可以综合使用，互为补充。

光圈：f/5.6，曝光时间：1/60 秒，感光度：100，焦距：35mm
生命体在画面中更能够吸引观者视线，比如停留在荷叶上的一只小蜻蜓，它理所当然地具有成为视觉中心的首要条件

确定取景范围

依据拍摄主体或兴趣中心确定取景范围，将影响视觉中心的杂乱景物排除在画面之外。这一过程往往被摄影人称之为做“减法”，即不断地舍弃掉多余的，简约出需要重点表达的。

光圈：f/8，曝光时间：1/250 秒，感光度：100，焦距：120mm
在确定这棵树为表现主体后，通过缩小取景范围，将这棵树四周的杂乱植物剪裁出画面，突出树的主体地位，同时用白云来丰富单调的蓝天，使画面更加饱满

通过控制景深突出视觉中心

通常来讲，使用大光圈，可以获得小的景深，通过虚实对比，在简化背景的同时，有力凸显兴趣中心；也可以靠近兴趣中心点拍摄，使其充满画面，形象突出。

光圈：f/2.8，曝光时间：1/320 秒，感光度：100，焦距：35mm
大的虚实对比有力突出了花卉，加之高位侧光的运用，强化了花朵的立体效果和色彩饱和度，使之形象更加鲜明

运用色彩或色调对比来强化视觉中心

自然景物的色彩丰富万千，可通过变换拍摄角度或者选择不同的光线来强化色彩对比，突出视觉中心。

光圈：f/5.6，曝光时间：1/150 秒，感光度：100，焦距：35mm
红色的灯笼在近似消色的背景下格外醒目，同时较高的拍摄角度使灯笼处于画面线条的汇聚点附近，成为突出的主体

前景

前景的作用在摄影构图中不言自明，它可以丰富画面层次，衬托拍摄主体，突出兴趣中心，美化画面，强化形式感，表达画面意境，更可以作为拍摄主体出现，作用强大。摄影初学者要学会选择前景，运用前景为自己的画面添光加彩。所谓前景就是指镜头中位于主体前面或者靠近画面前沿的景物，摄影初学者在拍摄中很容易忽视这些景物，以至于画面平白无奇，无法发挥它们的作用。前景的作用如此重要，我们该如何有效地运用它们呢？以下几个方面可以帮助你迅速掌握：

光圈：f/8，曝光时间：1/100 秒，感光度：100，焦距：35mm
前景的运用强化了画面的形式感，前景中的线条起到了分割画面的作用，使原本单调的画面在水平维度上得到了丰富

脑中有前景

对于初入摄影的人，对前景往往没有什么概念，很少会有意识地使用它，这也是导致他们拍摄的画面看上去缺少经营的原因之一。要想运用前景，首先要脑中有前景意识，在遇到感兴趣的拍摄体时，首先要分析一下场景中有无可利用的前景存在，只要有这一意识在脑海中，就不会轻易错失掉发挥前景功用的机会。

光圈：f/8，曝光时间：1/320 秒，感光度：100，焦距：35mm
利用挂帘作为前景营造喜庆气氛，突出逆光效果。试想，如果缺少了这些挂帘，只有逆光下的人物，画面是不是会显得单调、空洞很多，缺少了衬托和渲染

用前景丰富画面层次

有时候我们拍摄的题材和场景会过于单调，缺乏空间层次，此时将前景构置于画面中，可以形成近景、中景和远景的空间过渡层次，使画面的空间深度更加饱满。要做到这一点你可以通过变换拍摄角度，或者在景物四周多多走动寻找有利的物体做前景。

光圈：f/3.5，曝光时间：1/320 秒，感光度：100，焦距：35mm
低角度拍摄，使用小光圈虚化镜头前的绿色植物，将其作为前景来增加画面的空间层次，同时以虚实变化强化视觉中心，达到良好的画面效果

用前景衬托拍摄主体

俗话说红花需要绿叶衬才会更加美丽、娇艳，拍摄的主体也同样需要附属的景物和元素来加以衬托，才会更加突出和耀眼。要使前景达到这一作用，又不会喧宾夺主，往往可以通过虚化它的细节，利用它的形状来强调主体，或者缩小它在画面中的大小，弱化它的存在感，或者选择与主体色彩成对比色的景物做前景，强化主体。这些方法不是孤立使用的，在运用时要综合考虑，才能发挥最佳效果。

光圈：f/8，曝光时间：1/320 秒，感光度：100，焦距：35mm
在对焦时，有意通过前景中的枫叶，将焦点合在更远处的枫叶上，如此可以通过虚化的前景枫叶制造画面层次，同时可以简化繁杂的枫树枝叶，衬托和突出实焦的枫叶部分，为画面带来飘渺幻化的枫叶意境

使用前景美化画面

选择具有美感的景物作为前景，可以立刻起到美化画面的作用，比如美丽的花朵、好看的图案和纹理、漂亮的形状、独特的结构和框架等，你可以将它们处理成剪影，也可以虚化成一些符号，都能够为画面表现带来显著的效果。

光圈：f/11，曝光时间：1/120 秒，感光度：100，焦距：35mm
将剪影化的小鸟作为前景，在给画面带来趣味性的同时，也美化了画面，使得背景中缺少秩序的景物也变得生动起来

光圈：f/5.6，曝光时间：1/320 秒，感光度：100，焦距：35mm
框式结构的前景将画面左右分为两部分，构图均衡、安稳，形式感强烈，且富有趣味

使用前景强化形式感

有些前景具有独特的几何形状，它可以在取景框之内再次框取被摄景物，使画面更具形式感，同时增强构图的空间深度，也能起到凸显拍摄主体的作用。这也是一种比较“霸道”的构图形式，它通过框内加框的形式将观看者的视线固定在框内景物身上，告诉观看者这就是“我”想要表达的。

帮助画面表达意境

通过前景的衬托和营造，可以给画面带来别样的意境，更可以强化画面意境。比如前景中的几片落叶可以给观者带来秋的意境，斑驳的树影可以为观者带来阳光和灿烂的温暖意境，所以，对于前景的选择和意境的表达，也全在摄影者的心意。

光圈：f/2，曝光时间：1/320 秒，感光度：100，焦距：35mm
背景中枯黄的枝干透露着季节的韵味，而前景中美丽的红色树叶更是为画面带来别样的秋意效果

背景

背景与前景相对，其作用与前景具有同样的地位，也是摄影构图中需要谨慎对待和处理的重要元素。背景是指镜头中位于主体背后，主要起衬托和渲染作用的景物。在背景的选择和处理上，可以有以下几方面的借鉴：

光圈：f/2，曝光时间：1/450 秒，感光度：200，焦距：35mm
利用色彩明丽的绿色植物作为背景，在气氛上衬托茶馆，烘托出茶馆幽静的环境和生机勃勃的氛围，寓意丰富

背景宜简，不宜繁

因为背景主要是起衬托作用，所以简洁的背景可以更加直接有效地达到这一目的，而繁乱的背景不仅会分散观者注意力，更会扰乱主体的信息表达，使画面看上去主体不明确，杂乱无章。所以在构图时要时刻注意画面的背景选择，可以通过移动镜头位置、变化拍摄角度或者换用不同焦段的镜头来简化背景，突出主体。如果背景杂乱而无法选择，可以尝试虚化背景来达到简洁的目的。虚化的手段可以有：使用大光圈制造小景深来虚化背景；靠近拍摄主体拍摄来虚化背景；使用长焦镜头来虚化背景。

光圈：f/2，曝光时间：1/250 秒，感光度：100，焦距：35mm
因为背景中的白花绿叶过于繁杂，只有简化它们的形象才能够突出视觉中心，所以靠近拍摄主体，使用大光圈虚化背景，突出主体

注意背景的色彩明暗变化

在选择背景时一般要考虑到背景的色彩明暗对主体的影响，要选择与主体色彩对比鲜明，明暗反差较大的背景，如果它们是处在同一个明度级或者是同类色系，主体就很容易深陷于背景之中，严重时会难以分辨，影响主体表达。

光圈：f/2，曝光时间：1/300 秒，感光度：200，焦距：35mm
深色的背景与干枯的枝叶之间，明暗对比并不是很明显，且色调差别不大，主体很容易隐蔽到背景之中，难以凸显出来。所幸的是小景深可以虚化背景，强化的虚实对比挽回了一些画面效果

注意背景上的线条

之所以提出这一点来，是因为背景上的线条有时候对主体和画面会有分割作用，如果处理不好，很容易破坏画面的整体感，影响主体的完美表现。比如背景上的地平线，如果在拍摄风景时是倾斜的，会给画面带来不稳定感，如果是拍摄人物，背景上的横线条与人物头部的关系就要谨慎处理，避免出现“割脖子”的不良感受，如果是竖线条，则要避免出现在人物头顶上，因为这也会给人带来不好的感受。

光圈：f/2，曝光时间：1/600 秒，感光度：200，焦距：35mm
在构图时，将影调稍重的主体构置于明亮单一的水面之上，利用平静简洁的水面衬托翠绿色的枝条，突出其形象特征

光圈：f/8，曝光时间：1/320 秒，感光度：100，焦距：35mm
画面中的地平线保持水平，会给我们带来稳定的视觉感受。如果我们对其动些手脚，故意倾斜地平线，结果会怎样呢

这是上图经过裁切之后的画面效果。我们看到地平线倾斜了，整个画面上的景物都像是要滑出画面一般，极不稳定。通过这样一个简单的对比，就可以知晓保持背景中地平线的水平是多么重要

线条构图

线条是我们对眼前的景物抽象所形成的，它本是不存在的。我们依据不同的景物外形和界线将线条抽象成为各种状态，如直线、折线、曲线、水平线、斜线、虚线等，同时，这些线条又因为我们的视觉作用被分为显性线条和隐性线条两种。线条是构图的重要元素，也是基本元素之一，而所谓的线条构图，也就是这些不同状态的线条在画面中所起到的建构画面的作用。

光圈：f/11，曝光时间：1/125秒，感光度：100，焦距：24mm

对角线的运用，将画面分割为两大部分，使原本平淡的画面富有了形式美感，因为对角线并不是稳定性线条，所以给画面增添了动感的元素。而被分割的两大区域也各有自己的内容，不显空洞，这是在使用对角线构图时尤其要注意的

显性线条与隐性线条

显性线条是指显露在外，可直观看到的线条形式，它在外界中表现得比较直接，作用也更加明显，如我们画出来的线条、笔直的公路、连绵的山脉、蜿蜒的小河、地平线、密布的树干等等。而隐性线条的存在则比较隐蔽，需要我们有一定的视觉联想才能将它们连接成线，成为一种内在联系。它的作用相较于显性线条要显得温和，通常在有显性线条的画面中，隐性线条一般不会被观看者特别注意，除非是有意去寻找。但不管是显性线条还是隐性线条，它们对画面的构建都具有着同样重要的作用。我们在构图时，除了注意处理显性线条外，也不能忽视了隐性线条对画面的影响。

光圈：f/3.5，曝光时间：1/320 秒，感光度：100，焦距：50mm
密匝的枝条在空净的天空衬托下，线条感毕现，像一幅天然的水墨画。在拍摄这种照片时，要尤其注意对枝条的粗细选择和疏密安排，找出其中的秩序，否则就会凌乱不堪，如同乱麻，失去了应有的意境效果

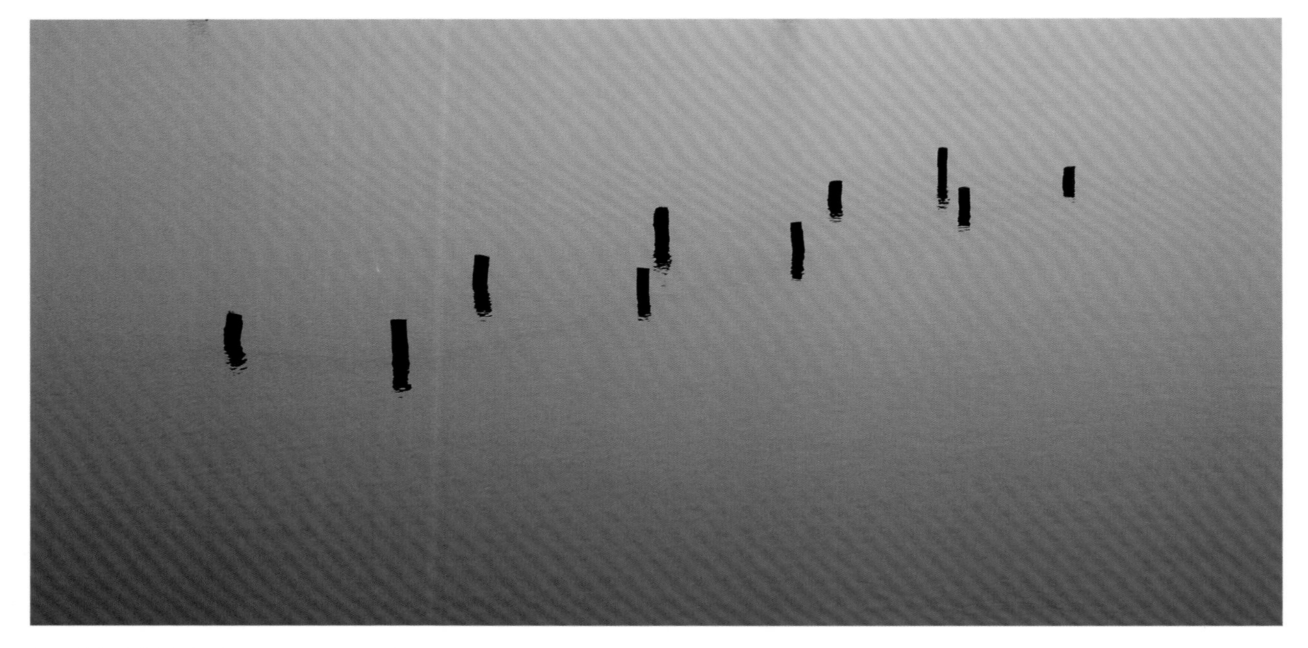

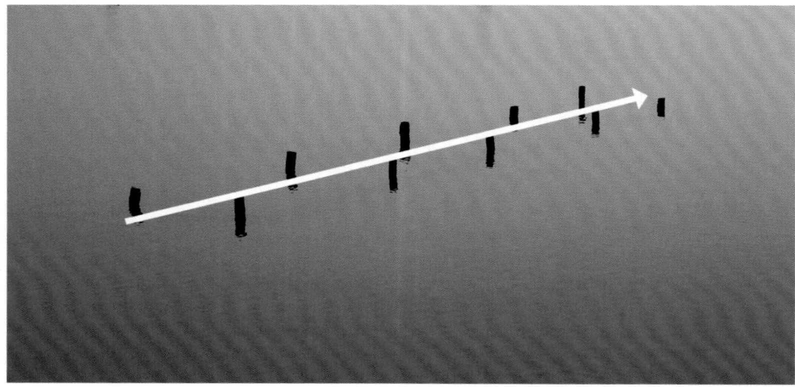

光圈：f/5.6，曝光时间：1/100秒，感光度：100，焦距：50mm
这幅画面中首先吸引我们的是水面上的黑色木桩，在平静的水面上形同一个个的黑点。其实，你若再将观看的视线放得宏观一点，会发现这一个个的木桩汇在一起，正在形成一条斜线，这条线就是我们所说的隐性线条，它使画面涌动出动感。在平静中蕴含有动势，正是画面营造的成功之处。如此，画面中便有了点线面的构成形式，虽简约却又不简单，富有韵律美感

线条的引导

在讨论线条构图之前，有关线条在画面中的另外一个重要作用要首先阐明，可帮助大家理解线条构图，那就是线条的引导作用，我们将这种线条称之为引导线。顾名思义，引导线就是引导观者视线进入画面的线条，理想的引导线可以使读者很快找到被摄主体，并关注之，是摄影师把握画面结构，表达思想感情的重要构图手段。

在线发挥它的引导作用的时候，我们一般会遵循我们的阅读习惯来安排它们。在阅读时，我们一般都会习惯于从左边起读，向右边过渡，所以引导线一般也会从画面的左下方开始进入，并向画面的深处延伸。但是有一个问题需要注意，那就是引导线移出画面，这往往是不可取的，因为引导线的作用和目的就是帮助观者找到拍摄主体或者是兴趣中心，如若将引导线最后移出画面，也会把观者的视线带出画面，无法在画面中停留。

光圈：f/8，曝光时间：1/100 秒，感光度：200，焦距：35mm
从前方延伸到地平线上的铁丝栅栏，形成了一条纵深的线，人们的视线会随着栅栏向画面深处延伸过去，直到发现地平线上的那些三两成群的小鹿像音符一样在地平线上从左向右排列开来。读者就是借助这些线条的引导来完成画面中的阅读的，所以在画面加入引导线对于画面构图非常重要

光圈：f/8，曝光时间：1/100 秒，感光度：100，焦距：21mm
从左边切入画面的石桥引导观者视线慢慢深入画面，从左到右阅读内容，最后停留在右边的水面上，我们看到的是日出前的美丽色彩和天水一色的静谧画面，一种安静祥和的晨景气氛油然而生。这种阅读次序也是我们最习以为常的阅读习惯

水平线

水平线构图更多地出现在风景摄影中，因为风景题材更多地采用横构图拍摄，且拍摄的景物中，水平线出现的几率也最多，水平线可以赋予画面以安宁、稳定的感觉。

光圈：f/5.6，曝光时间：1/100 秒，感光度：100，焦距：55mm
平稳的水平线，为画面带来稳定感，更加增加了画面的平静意境，地平线上的两只小船打破了地平线的呆板，带来了变化和趣味

水平线中最具代表性的就是山地平原或者海景湖泊的地平线，也是摄影师需要谨慎构置的一种线条。连绵不断的地平线有时会使画面看上去平淡、乏味，所以除非是有特殊的表达诉求，否则就要尽量设法运用其他景物如树木、山脉、建筑物等视觉成分来打破地平线的单调，使它生动丰富。此外，一些摄影初学者在拍摄有地平线的风景时，很容易把地平线拍倾斜，造成画面不稳，这需要在构图时专心致志，如若端不平，可以使用三脚架帮助平衡画面，确保地平线平正。

光圈：f/11，曝光时间：1/90 秒，感光度：100，焦距：35mm
地平线上高高低低的楼体和树木很好地丰富了地平线的内容，不觉单调

地平线有分割画面的作用，所以它在画面中的位置也非常重要，在构图时一般会运用三分法，将地平线构置在画面上三分之一或下三分之一处，不过这也只能是一种指导原则，不是绝对，要根据实际的拍摄场景作出最适合的决定。重复出现的水平线在画面中还能够增强画面的深度感，丰富空间层次。

光圈：f/3.5，曝光时间：1/30 秒，感光度：100，焦距：35mm
这是一种比较有特点的构图方法。画面没有遵循地平线的构置法则，而是将之压缩至画面的最下方，最大限度地保留了天空，却营造出别具一格的画面意境。水面船只星星点点，高空明月朗照，一幅天高地远的海滩暮色景象被逼真、生动地表现出来。所以，生动的地平线构置还需要拍摄者的独特思维和意境表达

光圈：f/8，曝光时间：1/200 秒，感光度：100，焦距：35mm
向画面深处不断重复出现的水平线为画面带来纵深感

垂直线

垂直线构图与水平线构图一样，能够传达强烈的感情，常常会让人联想到“强大”、“雄伟”、“有力”等词语。适用于水平线构图的许多拍摄规则也同样适用于垂直线构图，如对垂直线构图中的地平线处理。在拍摄时，垂直线构图会存在一个透视问题，即线条会向上或向远处汇聚消失于一点。所以在拍摄时，不必强求垂直线与取景框边缘保持平行，因为在 135 数码单反相机中，这很难做到。面对垂直线的景物，如高楼建筑、参天树木等，使用垂直线构图时，一般会选择竖握相机仰视拍摄，这时的垂直线汇聚会更加明显，但可以更好地容纳垂直物体，突出垂直线的高度。当然，你也可以选择横构图拍摄，这可以表现垂直物体的宽度。

光圈：f/8，曝光时间：1/320 秒，感光度：100，焦距：35mm
垂直线构图依然要保持水平线的平衡，如此建筑才会有稳定感。让我们来对比一下水平线倾斜后的建筑是一个什么感觉？地平线倾斜后，建筑物有一种要倒塌的感觉，失去了建筑原有的稳定和安全感

浦江

光圈：f/3.5，曝光时间：1/250 秒，感光度：100，焦距：35mm
垂直线构图存在的垂直线汇聚现象可以帮助我们强化垂直性物体的高大形象，竖构图拍摄可以更好地容纳垂直性物体。画面中，树木高大细长的形象被表现得淋漓尽致

光圈：f/3.5，曝光时间：1/250 秒，感光度：100，焦距：35mm
横构图拍摄树木可以表现它们的数量和气势，此时若对其细节进行描述，利用笔直的树干作为背景，不仅可以收到好的空间透视效果，还可以以小见大，表现树林春意盎然的景象

因为我们的画面是二维的，所以实际场景中的平行线条在画面中也会向上或者向远处汇聚，如向远处延伸的公路，在拍摄时要有效利用平行线条的这一汇聚效果来强化画面的纵深感，引导观者视线。

光圈：f/11，曝光时间：1/90 秒，感光度：100，焦距：24mm
向远处汇聚的水平线在广角镜头的夸张下，透视效果更加强烈，画面的空间纵深感也得到了强化

曲线

曲线是一种优美、柔和、温润的线条，因为我们一直都用它来描述女性的美，是摄影师们喜爱表达的一种线条。曲线在画面中可以带来动感和活力，并能够引导观者视线穿越画面，而相互冲突的曲线又会给画面带来紧张感。

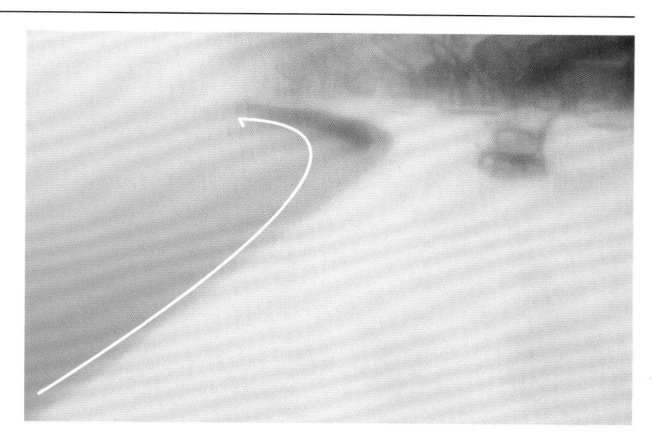

光圈：f/3.5，曝光时间：1/100 秒，感光度：100，焦距：35mm
蜿蜒的曲线引导观者视线从画面的左下角深入画面，为画面带来动感和活力，加上柔和、朦胧的光线，塑造出柔美的画面意境

在曲线构图中，最为有力的曲线是 S 形曲线，这种曲线不仅能使影像产生动感，而且更显均衡、优雅。在实际拍摄中，要尝试去发现和选择曲线，如蜿蜒的河流、幽静的小路、午后的海岸线，或者是人造的 S 形曲线等，运用它们来构造画面，牵引观者视线到达视觉中心，使画面富有秩序和趣味性。

光圈：f/5.6，曝光时间：1/25 秒，感光度：200，焦距：35mm
流动的 S 形曲线在逆光下非常突出，帮助画面确定气氛的同时，更是吸引了观者眼球，将他们的视线牵引到画面深处的主体故事处，与动态的主体一起，使得画面动感十足，充满韵动的旋律

斜线

相对于水平线和垂直线的固定和静止，斜线更具动感，能够为画面带来生动的效果。同时，斜线同样具有引导观者视线的作用，是构架画面结构的重要因素。

在画面中安排斜线时，最好是从画面的三分之一或三分之二处引入，如果是起引导视线的作用，还可以从画面底部的左侧开始引入。如果是表现某一特定场景中两个区域的巨大差异，那么使用对角线构图将画面平分成两半，可能会有引人注目的画面效果。

上图。光圈：f/8，曝光时间：1/90 秒，感光度：100，焦距：24mm
一条小船被充满画面构置，显得饱满又突出。广角镜头夸张了它的透视，它呈现的角度与地平线成一斜角，这也加深了画面的空间透视感。同时小船的斜线条构图，为平静的湖面带来了动感元素，一切变得灵动起来。如果将小船与地平线平行构图，那么效果将会截然不同，会使得画面过于呆板，缺少韵味

下图。光圈：f/8，曝光时间：1/200 秒，感光度：100，焦距：35mm
画面的主体线条几乎均为斜线，逆光的运用更是突出了线条的特征，这使得画面非常富有秩序，运动中隐藏着稳定。铁栅栏从画面左侧底部进入画面，同路面一起向右上方延伸开去，最终人们会关注到视线尽头的那个骑车人，空间通透，构思巧妙，让人联想到画面以外的更多内容

斜线构图中最为有力的表现方式是复数形式的斜线向远方延伸，最后汇聚于一点。提到消失点，我们往往更容易联想到公路、铁轨等效果鲜明的例子，但是画面中的隐性线条同样可以带来汇聚效果，如天空的云彩和地面的藤蔓会在画面深处延伸相交，同样可以起到斜线构图的效果，而且作用更加隐蔽，富有内涵性。

光圈：f/8，曝光时间：1/200秒，感光度：100，焦距：45mm
画面中左下方艳丽的小船和绿色植物会更容易引起观者的注意，接着视线会被圆形的桥洞吸引，透过桥洞，视线会游移到另一艘船上，由此形成一条隐性的斜线，这种斜线构图形式更加巧妙

形状

形状是二维平面的，我们在很小的时候就被教育辨识眼前物体的形状，认识眼前的世界。长大后，我们对于形状积极的认识和瞬时的抽象，可以运用到摄影构图中。在拍摄时有意寻找形状鲜明的物体，并想办法突出它的形状特点，是一种鲜明有效的构图手段。在对景物进行形状抽象时，可以先从简单的几何图形入手，如圆形、方形、三角形等，待构图熟练后，就可以操作更为复杂的形状，如花卉、交织在一起的形状不同的景物、建筑细节等。

光圈：f/2，曝光时间：1/100 秒，感光度：100，焦距：35mm
将花卉背景的枝条抽象出一个四边形，视觉中心构置于其中，使画面结构更加稳定，并能够集中观者视线，使原本混乱的背景富有秩序

对形状进行分析和抽离，可以帮助摄影者不被杂乱景物所干扰，迅速把握画面结构，从杂乱的景物中剥离出主体，并进行针对性地突出表现，是解剖景物结构，表达拍摄主体的重要分析手段，也是摄影初学者迅速掌控画面，实现专业表达的简捷途径。

光圈：f/5.6，曝光时间：1/200 秒，感光度：100，焦距：35mm
善于利用形状来框取画面中的景物，对其进行有效的归纳和整理，形成一个个有趣的视觉区域，会使画面趋于理性和协调，是一种简捷有效的构图手段，而且会随着形状的不同和变化呈现出各种画面结构和可能性

三角形构图

利用形状进行构图，最常运用的就是三角形构图。三角形构图是指画面元素的显性线条或者隐性线条在画面中形成三角形结构来支撑画面，可以是由景物实体本身带有的三角形形状，也可以是点的连线构成的三角形，还可以是线的交织构成的三角形。三角形构图给人以安全、稳定又不失灵活的感觉，在拍摄时可以多加运用。

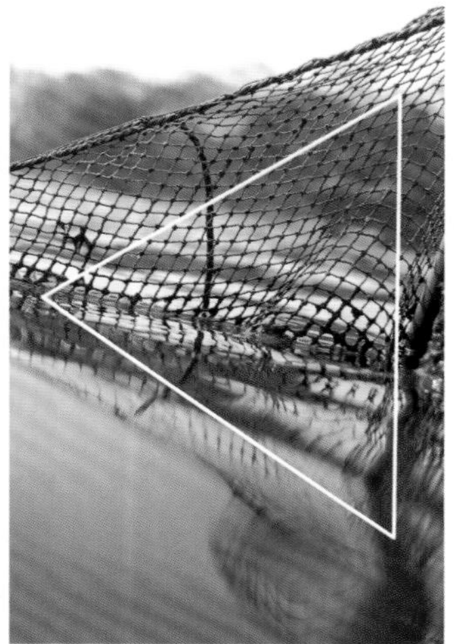

光圈：f/2，曝光时间：1/200 秒，感光度：100，焦距：35mm
由长短不一的花枝构成隐性三角形，形成三角形构图。画面稳定却不失刻板，因为前后花枝的虚实变化和枝条间的疏密安排给稳定的构图带来了活力和变化

光圈：f/2，曝光时间：1/200 秒，感光度：100，焦距：35mm
水面的织网及其倒影形成潜在的三角形关系，在画面中构成主要的视觉区域。而其倒三角形的形象，又为画面带来了某种不安和动荡，为画面的寓意表达提供了某种线索

结 构

结构与形状，很多人在开始时往往无法区别，其实，他们的根本区别在于，形状是二维平面的，而结构是三维立体的。结构呈现的是形状的细节，可以这样理解，形状是框架，而结构就是框架里面的血肉。结构往往需要通过光线来表达，在光影效果下，景物的结构细节才会被更好地体现出来。对于摄影者，在表现的形状确定之后，就需要费心思考虑如何丰富形状的细节，也就是该如何表现景物的结构变化，使之更具立体感和质感。

光圈：f/3.5，曝光时间：1/90 秒，感光度：100，焦距：35mm
画面以圆形构图为主体，玻璃球的内部结构在光线的塑造下，质感表现细腻，细节丰富，玻璃的那种晶莹剔透的感觉表现得淋漓尽致

其实，确定形状和表现结构是一个综合的过程，要考虑到很多的因素，如光线照度、拍摄角度等都会对结构表现带来影响。

光圈：f/3.5，曝光时间：1/100 秒，感光度：50，焦距：35mm
松树在画面中为主体，它的形状在画面中起到了三角形构图的作用，稳定、安宁。强化这种形状感的是光线的运用，顺向直射闪光在很好地表现了松树的色彩的同时，却使松树的立体效果和质感表现大打折扣，看上去如同平面三角形一般

图案

图案具有一种元素重复的特点，我们在说到图案时，很多人会立刻联想到墙纸、窗帘上重复出现的形状和色彩等。图案的作用在于营造让人身心放松的环境氛围，避免产生过多的感官刺激，或避免过分吸引观者注意力。在摄影构图中，重复出现的图案效果可以带来画面的秩序性和趣味性，并能够根据主题传达某种意义。在拍摄时，为了避免图案带来的单调感，可以寻找其他视觉元素打破图案秩序，创建更加强烈的构图效果。比如在一片红色的汽车海洋中有那么几辆是蓝色的，就可以打破单一的格局，起到活跃气氛的作用。

光圈：f/8，曝光时间：1/200 秒，感光度：100，焦距：35mm
以线条感重复出现的楼层形成视觉强烈的图案效果。画面中局部的色彩（棉被和衣服）打破了图案的单调，显得生动，富有变化

当图案延伸到画框边沿时，会让人有面积不断扩大的感觉，像是要延伸出去。而如何处理取景框边缘的图案形态，对画面的最终效果会有很大影响。在框架边缘对图案进行适当的裁切，图案的外延会有不断扩大或缩小的感觉。

光圈：f/5.6，曝光时间：1/200 秒，感光度：100，焦距：21mm
在取景框边缘的车轮，我们裁切时保留了其中的一部分，此时你会发觉画面中手推车的车轮有向画面以外延伸的趋势，让人能够强烈地感觉到画面外还有无数的手推车图案，图案的外延在扩大

光圈：f/5.6，曝光时间：1/200 秒，感光度：100，焦距：21mm
在这幅照片中，取景框边缘的车轮在裁切时被完整地保留，此时你会发现画面中的手推车车轮都是完整的，但是却失去了一种向外延伸的信息，仿佛这就已经是完整的全部内容，也就是说图案的外延在减少

质感

质感是指物体表面的立体特性，由物体的主材料所决定。人的触觉非常发达，有时似乎可以由视觉的方式进行表达，在很多情况下，我们只要一看到物体就可以立即联想到该物体摸起来的感觉。所以，将物体的质感进行细致地表现，可以引起读者对影像的强烈反应。

质感的传达是通过光线和锐度来体现的，要想突出表现景物的质感，就照明而言，可以使用直射光照明的侧光，突出物体表面凹凸不平的效果，最好是光线照射到物体表面的角度不大于45°，这样物体投下的阴影才能突出其自身的质感；还可以靠近物体清晰对焦拍摄，将物体表面的质感细节进行放大和细腻表现。

光圈：f/2，曝光时间：1/200 秒，感光度：100，焦距：35mm
石头坚硬和凹凸不平的质感在清晰的景深下，细节表现非常丰富和逼真，让观者产生非常深刻的触觉感受

光圈：f/5.6，曝光时间：1/300 秒，感光度：100，焦距：120mm
侧光照明下，树干的明暗对比变强，凹凸不平的表面和纹理得到强调，树干的质感被很好地表现出来

光圈：f/2，曝光时间：1/250 秒，感光度：100，焦距：35mm
近距离大光圈拍摄，对景物的细节进行放大和清晰表现，可以强化景物的质感表达，同时侧逆光的运用，对质感也进行了强化

均衡与对称

均衡，字面上理解就是意指一种空间上的均匀和平衡，反应在人的视觉上，便演绎成为一种内在的心理活动和审美取向。当主体被布置在画面顶部或底部的三分之一位置时，以及左边或右边的三分之一位置时（主要是考虑三分法构图原则），画面的另一边就需要加入一些视觉元素来均衡画面，否则就容易给人带来视觉上的失重感。起均衡作用的视觉元素可以是任何种类和任何形状的物体，它可以是一条引导观者视线的河流、公路，乃至一条线，也可以是一棵生长茂盛的树木，更可以是与主体形状相同或迥然不同的其他任何物体，但原则是不可喧宾夺主。在均衡元素的布置上，一般要选择能够真正在视觉上与主体形成均衡关系的位置，一般是在除主体所占的位置外，画面其余的三分之一点就是放置均衡元素的最佳位置。

不过不管均衡的元素是什么，或者在什么位置上，都不应该喧宾夺主，在画面中要始终处于次要地位，形状上更小一些，色彩上更淡一些，不会那么吸引人注意。

光圈：f/3.5，曝光时间：1/250 秒，感光度：100，焦距：35mm
画面右上角三分之一处置入的枝条与左下方的主体部分不仅在形态，而且在色彩上都遥相呼应，起到了均衡画面的作用。如果没有这一部分，不仅会使灰白的天空缺乏点缀而显空洞，更会使画面因为重量上的安排失衡而不稳定，给画面带来不安的感觉

在这里，不得不提到的另外一种构图形式就是对称性构图，因为粗看之下它与均衡构图是如此的相似，以至于很多摄影的朋友在概念认知上将它们混淆。对称性构图是一种物理量上的一一对应，比如左右形状、大小、数量、排列、距离的对称，在画面效果上更加的稳定、庄严，更适合表现建筑等人造景观，相对于均衡的主观性，它受规则的限制性更强，也更加的客观化。均衡构图相比对称构图而言，突出表现为一种心理反应，因此在画面的布局构置中，就具有了更加自由的发挥空间。

摄影中的对比是一种基本而有效的表现手法，因为

光圈：f/5.6，曝光时间：1/250 秒，感光度：100，焦距：55mm
因为我们的人造建筑多采取对称性设计，所以对称性构图能很好地表现建筑的稳定和宏伟，非常切合建筑的形式美感，对于建筑，是一种非常理想的构图形式。但是对称性构图很容易带来刻板和缺少变化的视觉感受，所以在构图时要利用小的元素来适当活跃画面，做到在对称中有变化，在协调中有亮点。如上图中的鸽子就是很好的活跃因素，打破了画面的单调氛围

光圈：f/8，曝光时间：1/100 秒，感光度：100，焦距：35mm
拍摄建筑不一定非要使用对称性构图，均衡构图也可以运用在建筑上，可以带来不一样的视角和感受

对比

它显著的效果而被摄影者广泛使用。对于摄影初学者来说，掌握一定的对比手法，对于表现画面，突出主体，表达观念具有非常实际的作用。对比是指将两种具有不同特性的形象进行相互对照、比较，以此来突出一种形象，强化一种效果，帮助摄影者表达主题，增强画面的表现力。摄影中常用的对比手法有色彩对比、明暗对比、冷暖对比、大小对比、疏密对比、虚实对比等，下面我们来对它们进行详细地介绍。

世界是色彩纷呈的，我们拍摄的景物也同样色彩

光圈：f/2，曝光时间：1/250 秒，感光度：100，焦距：35mm
绿色的背景下，色泽艳丽的花朵被更加突出表现。对比起到了应有的作用

色彩对比

万千。色彩对比就是利用色彩间的关系来表现画面。通常是将色彩进行并列，利用色彩的色相、明度和纯度等特性来产生彼此衬托和对比，实现突出主体的目的。将色彩反差大的景物放置在一起，会产生强烈的对比效果；将色彩反差小的景物放置在一起，对比效果和缓、平静。我们可以在大面积的同类色中放置一点对比色来活跃画面，吸引观者视线；我们还可以运用对比色来形成鲜明的画面效果，如将绿色和红色并置；也可以在消色的背景上加上鲜艳的色彩，这些都可以调节画面气氛，带来吸引人眼球的画面效果。

明暗对比相较于色彩对比而言更加简单些，它是指通过影调的明暗关系来相互衬托，突出主体。常用的手法

光圈：f/3.5，曝光时间：1/250 秒，感光度：100，焦距：35mm
色彩反差大的画面，视觉效果更加丰富、生动。消色线球在画面中起到了色彩协调和平衡的作用，使得画面色彩不是很凌乱，富有变化

光圈：f/2，曝光时间：1/250 秒，感光度：100，焦距：35mm
暖色调色彩的对比运用，使得整个画面充满了张力，色彩明丽，生机勃勃，渲染出生命的活力

光圈：f/2，曝光时间：1/250 秒，感光度：100，焦距：50mm
白色背景下，色彩被更加突出出来，柔化效果的画面带来诗意的视觉联想，为色彩的魅力增加了更加幻化的光辉

明暗对比

是以明衬暗，或者是以暗衬明。比如以暗的背景衬托亮的主体，或者是在景物的局部细节中巧妙安排明暗对比，使景物富有层次变化。而如果将亮的景物放置在一起，尽量消除景物的阴影，则会使画面形成明亮的影调，我们称之为高调效果，而若将暗的景物放置在一起，则会使画面形成暗淡的影调，我们称之为低调效果，若将不同明暗影调的景物放置在一起，就会产生鲜明的对比，若按照一定的规则重现，还会形成明暗变化上的韵律，使对比协调统一，画面富有秩序。

色彩的冷暖是人们长期生活经验下的一种联想认知，比如红色的火焰可以给我们带来温暖，当我们看到红色

光圈：f/2，曝光时间：1/250秒，感光度：100，焦距：35mm
画面中明暗衬托得当，木墙的阴影衬托明亮的枫叶，木墙的亮部衬托枫叶的投影，明暗相衬，对比鲜明，富有层次，将午后阳光的光影意境表现得淋漓尽致

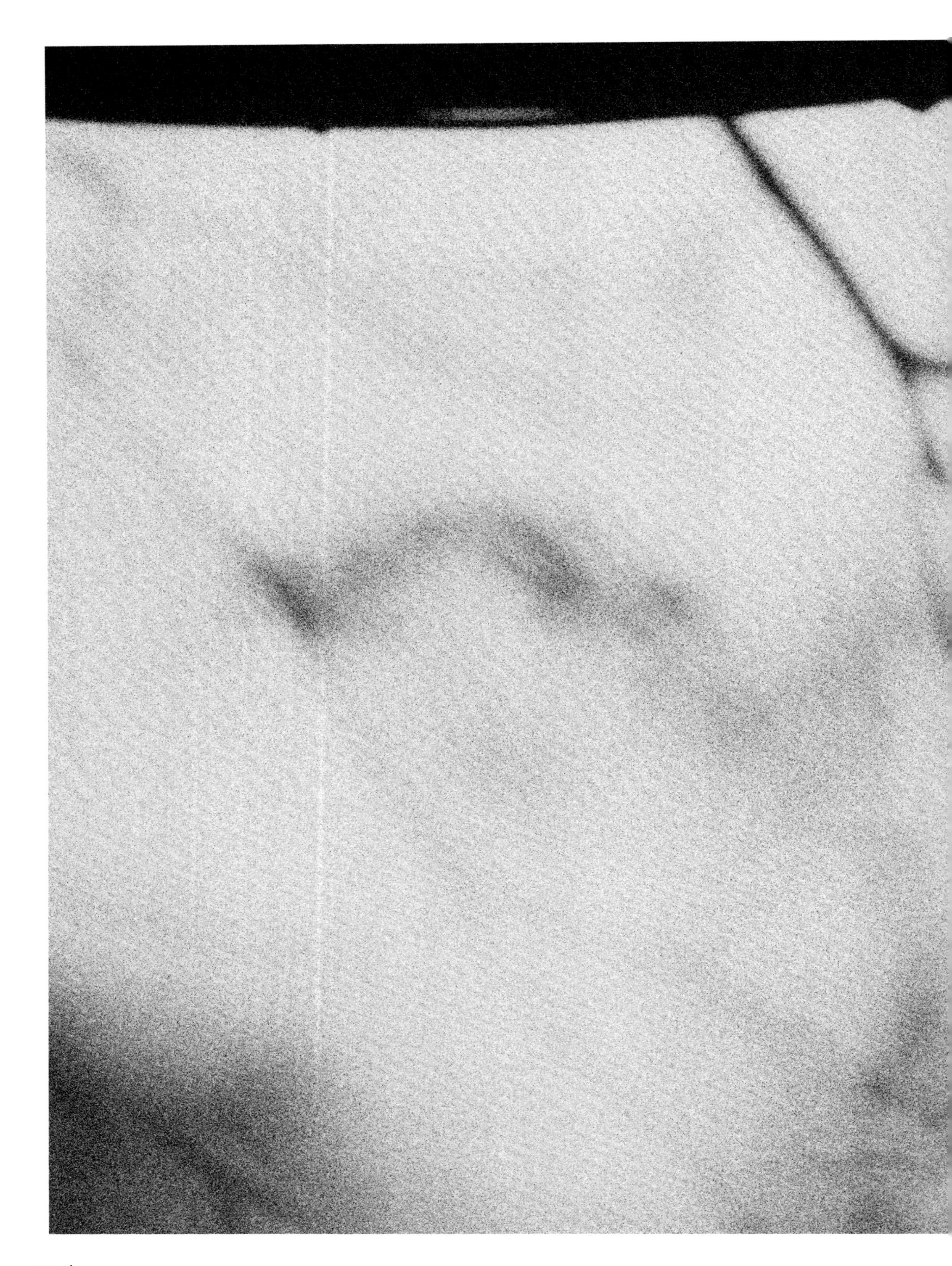

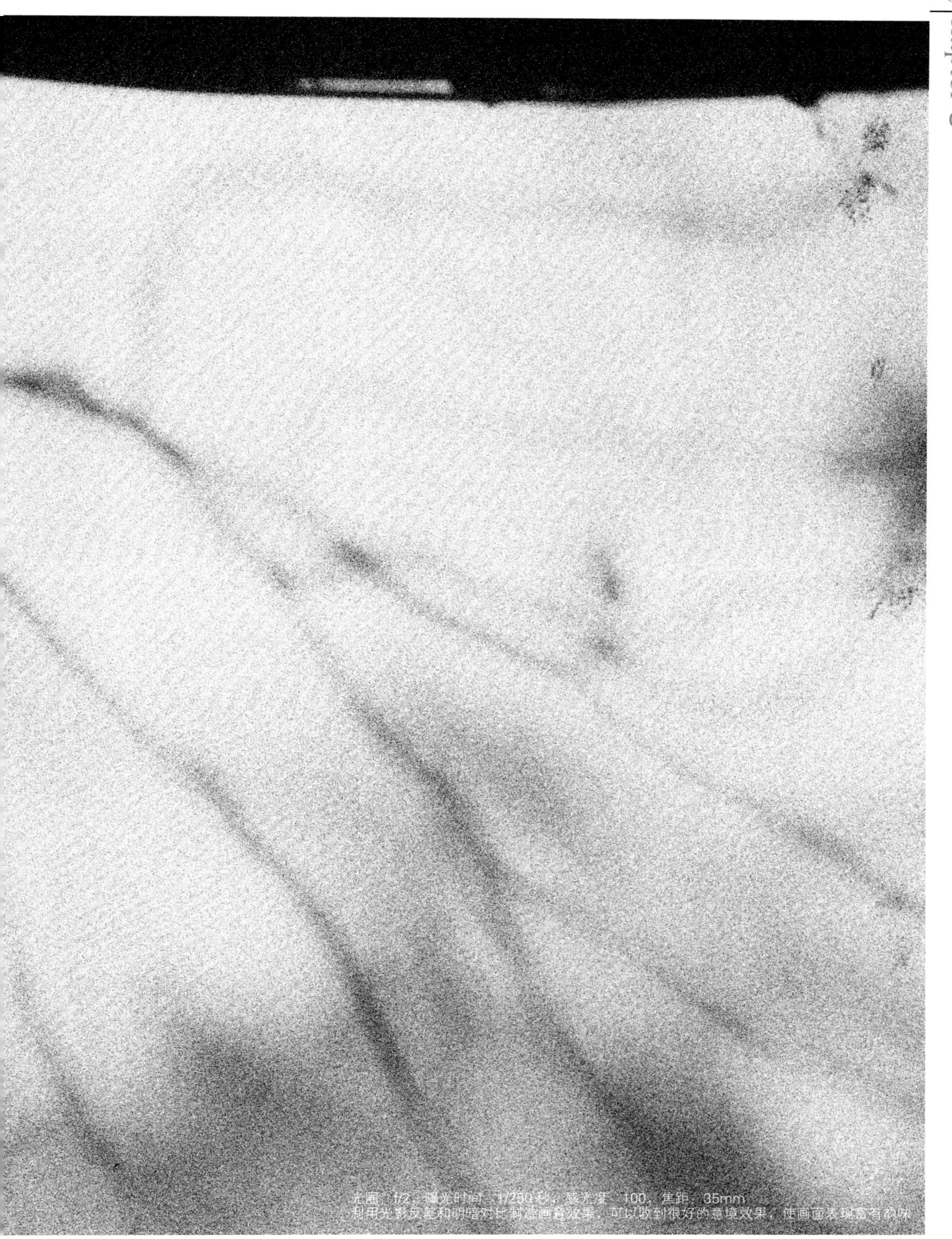

光圈：f/2，曝光时间：1/250秒，感光度：100，焦距：35mm
利用光影反差和明暗对比制造画意效果，可以收到很好的意境效果，使画面表现富有韵味

光圈：f/3.5，曝光时间：1/60 秒，感光度：100，焦距：35mm
这是一幅低调效果的照片。整个画面都沉浸在日出前幽暗寂静的暮色之中，还不曾睡醒。天边四射的光辉映照着彩霞，象征着生机勃勃的一天即将开始，大的明暗反差和色彩对比，给灰暗的画面带来活力，是整个画面的亮点

光圈：f/8，曝光时间：1/125 秒，感光度：100，焦距：50mm
这是一幅亮调效果的照片，整体画面明亮，远处薄雾下若隐若现的影调给画面带来层次感和空间意境，江面上浅黄色的漂浮物成为视觉中心，因为薄雾的存在，其较小的明暗反差使得整个画面影调浅淡，协调统一

冷暖对比

时就会联想到温暖的火，所以当把暖色调的景物安排在画面中时，会给人带来亲近感和温暖感。蓝色的海水或蓝天会让我们感觉到寒冷，所以当我们看到蓝色时，就会联想到海洋、蓝天，当我们把冷色调的景物安排在画面中时，会给人带来冷漠感和距离感。当我们把冷色调的景物和暖色调的景物并置在画面中时，会产生一种运动上的冲突，即暖色调向前冲，冷色调往后退，所以画面构图中，利用冷暖对比可以有效突出不同景物间的距离感和画面的深度。

大小对比主要是运用景物在画面中所占的面积大小来进行对比和协调。运用大小对比可以强化一种透视关

光圈：f/3.5，曝光时间：1/400 秒，感光度：200，焦距：35mm
红色的花朵在蓝天的衬托下，更加艳丽。两者不同的色彩属性加强了彼此的距离感，使得天空更加高远，花朵更加亲近、迷人

光圈：f/5.6，曝光时间：1/100 秒，感光度：100，焦距：60mm
色彩浓烈的朝霞与蓝天形成鲜明的冷暖对比，暖红的朝霞在透视的强调下更具动感，视觉感染力强

大小对比

系，即大的往往是向前的，而小的是靠后的，在构图时要想强化空间深度，就可以有效运用这种对比。如果是大小不同的景物处在水平线上，则容易出现大的一边过重，小的一边过轻，画面看上去不均衡的情况，此时可以将小的一边留大，或者增加小景物的数量，在视觉上保持均衡。

疏密对比是指画面内视觉元素如点、线、面的一种密度分布状态，这在绘画中早有运用，如国画在构图中所

光圈：f/3.5，曝光时间：1/250 秒，感光度：100，焦距：35mm
花朵的大小对比强化了两者的透视和距离感，在有限的画面内制造最大的空间效果

疏密对比

追求的疏可跑马、密不透风的效果，就是一种典型的疏密对比，这也同样适用在摄影构图中。疏密对比讲求疏中有密，密中有疏，疏密结合的效果，使画面有紧有驰，富于变化的同时，更具有约束力和秩序性。

虚实对比中的虚是指画面中模糊的陪体部分或者是背景等空白处，实是指画面中清晰的主体部分。虚实对比

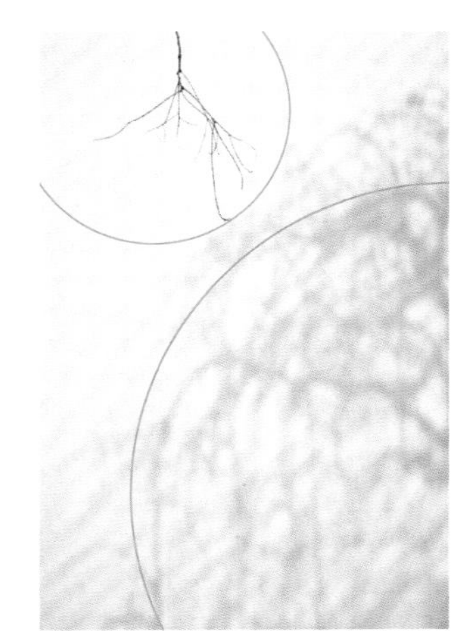

光圈：f/2，曝光时间：1/350 秒，感光度：100，焦距：35mm
在中国书画艺术中，疏密对比是一种基本的艺术表现手段，该幅画面有效运用了这一技法。画面中右侧密集的光影与左上方的疏松空间形成疏密对比，富有变化和韵律

虚实对比

同样讲求虚中有实，实中有虚，虚实结合的效果。在确定画面的清晰部分时，要着重处理画面中的虚糊部分来衬托清晰的主体。控制虚的手段有多种，可通过改变光圈、拍摄距离或者改变焦距来实现，也可以运用薄雾、烟云等天气条件来达到目的。

留白就是指画面中除了实体对象以外的一些空白部分，大多是由单一色调的背景组成，可以是干净的天空、

光圈：f/2，曝光时间：1/150 秒，感光度：100，焦距：35mm
画面中强烈的虚实对比带来强烈的视觉感受，微观下的视角和清晰的景深效果（运用大光圈和近距离拍摄，寻求更小的景深范围）更加强调了树叶的形状和质感，加之暖性逆光的运用，使得画面更富意境和情调，大有人约黄昏后的情景联想

留 白

路面、水面、草原、虚化了的景物等，重点是简洁干净没有什么实体语言，不会干扰观者视线。为画面适当地留白可以突出主体，简洁画面，使画面更具有冲击力。一般来讲，留白处大于实体面积时，画面会有重在写意的趋向，表现更加空灵、清秀；若留白处小于实体面积，则画面重在写实；若留白处与实体面积等同，则会产生呆板、单调之感。此外，留白还可以给观者带来想象的空间，使画面富有寓意，帮助表达画面意境。在拍摄具有运动性题材的景物时，一般会在拍摄主体的运动方向前留白，使运动中的主体有伸展的余地，加深观者对主体运动的感受。此外，在拍摄人物时，人物面对的视线方向处一般也适合留白，这样可以使观者的视线随着人物的视线方向得以延伸，使画面更具意味。

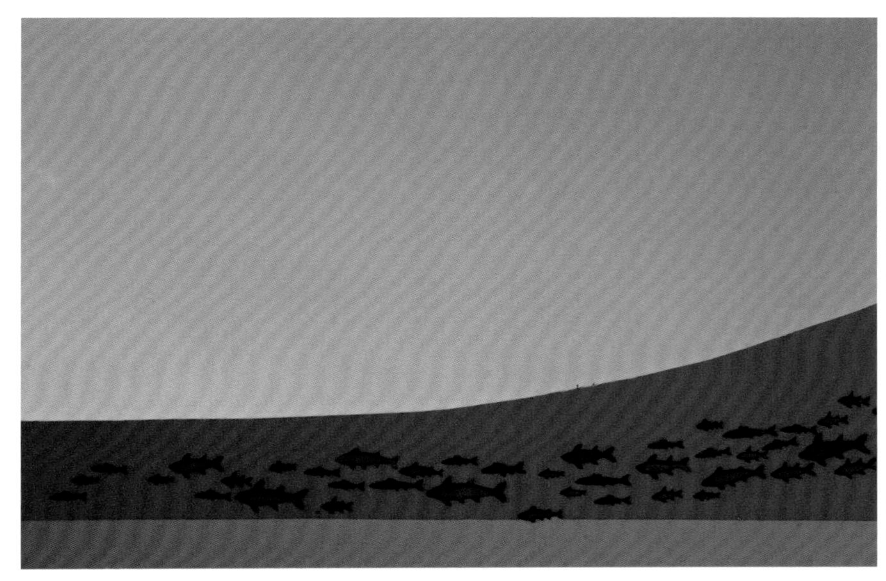

光圈：f/5.6，曝光时间：1/250 秒，感光度：100，焦距：50mm
画面中天空的留白，为游鱼的运动空间提供了暗示，带来一种视觉悬疑，非常具有趣味性

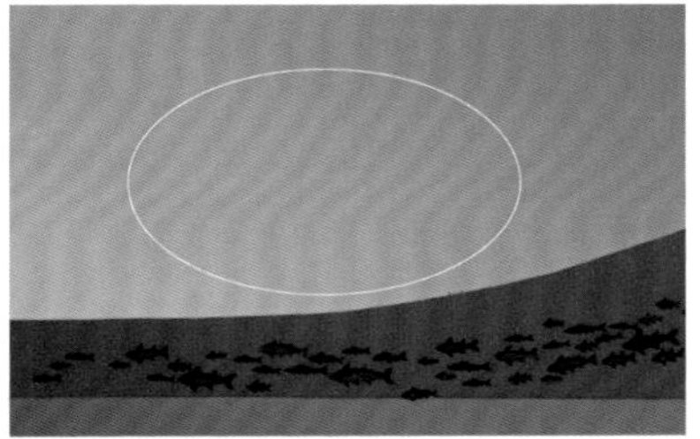

光圈：f/5.6，曝光时间：1/125 秒，感光度：100，焦距：35mm
在游船前方留白，可以预示游船的运动趋势，使得视觉延伸感更加强烈，画面更富均衡性

Chapter 4

用光实战精讲

人们都说，摄影是一门用光来绘画的艺术，由此可见，光是一切摄影活动的基础，没有光线，摄影便不复存在。理解光线，懂得运用光线是一名摄影师在开始摄影时首先要修炼的一门课程。那么，摄影中的光线究竟蕴含有多少秘密呢？我们该如何来掌握它，并为自己的摄影创作服务呢？这一章节将会带你一探究竟，让你成为摄影用光的高手。

光圈：f/2，曝光时间：1/800 秒，感光度：100，焦距：35mm
光线给画面中的景物带来无限的色彩和光影魅力。逆光下的银杏叶像是被穿透，筋脉毕现，质感鲜明，如同润玉，堂皇的色彩更是带来秋的意境，引人向往

柔 光

顾名思义，柔光是一种柔和的散射光，柔光条件下，景物缺乏浓重的阴影，在很多情况下几乎不产生阴影，光比反差柔和，色彩效果强烈。在户外，柔光一般出现在云层遮日或者大的阴影中，但是云层变化无穷，种类多样，且飘移不定，所以多云天气下的柔光在每一刻都是不同的，这就对曝光提出更高的要求，在拍摄时要时刻保持对光线的敏感，按快门之前多加测光，保证曝光准确。运用柔光，我们可以有以下经验：

光圈：f/3.5，曝光时间：1/250 秒，感光度：100，焦距：35mm
柔光下，景物的光比反差较小，几乎没有阴影产生，色彩表现突出

用柔光来表现色彩和形状

柔光条件下的景物缺少了阴影的衬托，虽然立体感丧失，变得有些平淡，但是景物的色彩变得柔和细腻，更加引人注目，并少了浓重阴影对画面带来的混乱感，景物的形状和场景变得更加明晰可辨。

光圈：f/3.5，曝光时间：1/250 秒，感光度：100，焦距：35mm
抓住云层遮挡太阳的间隙，运用柔光表现芦苇的色彩和状态，形象突出，色彩感强烈。如果是强光下拍摄，效果会截然不同

光圈：f/3.5，曝光时间：1/450 秒，感光度：100，焦距：35mm
这是同一景物在强烈逆光下拍摄的效果。我们看到，芦苇的色彩和形态被强烈的逆光削弱了，景物的明暗反差变得极大，它的光影效果成为我们关注的重点

柔光适合拍摄人物照

薄云遮日是拍摄人像最理想的天气，因为太阳的光芒在经过云层时被云中的小水滴和微粒尘埃不断地向各个方向散射，此时的云层就如同是一个大的柔光箱，柔软的光线带来的是小反差光比，可以将人物的皮肤塑造得光滑细腻，细节层次丰富，人物形象柔美异常，尤其适合拍摄美人照。

光圈：f/5.6，曝光时间：1/250 秒，感光度：100，焦距：50mm
柔光产生的小光比反差不仅使画面中的景物充满细节，更将人物的皮肤表现得细腻、润滑

阴影下的柔光会偏蓝色

当太阳直射时，有经验的摄影师会选择到景物的阴影中拍摄局部细节或者人物肖像，这可以避免强烈阳光带来的大光比效果。但是因为阴影反射的是蓝色的天空光，所以在拍摄时要注意设置白平衡，将日光模式改为阴影模式，才能够保证色彩的真实还原。

光圈：f/3.5，曝光时间：1/125 秒，感光度：100，焦距：21mm
在阴影中拍摄，未设置白平衡前，画面偏蓝色调

光圈：f/3.5，曝光时间：1/250 秒，感光度：100，焦距：35mm
设置阴影白平衡后，画面色调被有效校正，色彩还原真实

硬光

在没有云层或雾气时的直射阳光一般都是硬光照明，此时的天气一般能见度较高，适合拍摄远景风光。硬光的光照强烈，明暗反差大，阴影显著，景物的立体效果鲜明，很多摄影师喜欢用它来表现景物的质感和纹理，凸显立体空间效果。但是，阴影浓重时在一些景观中也会带来麻烦，比如在拍摄市场、街道、花果等繁忙、杂乱的景物时，浓重的阴影会使得画面更加杂乱不堪，主题形象不易辨认。在使用硬光时，最应该注意的就是它的光照角度。

硬光从不同的角度照射被摄体时会产生各种迥然不同的效果。下面让我们来更加详细地看看这些不同光照方向的硬光是怎样改变画面景物效果的，以及我们有何对策。

光圈：f/8，曝光时间：1/350 秒，感光度：100，焦距：35mm
直射阳光带来的硬光照明在拍摄远景风光时，可以凸显景物的立体效果，大的明暗反差可以表现明朗的影调层次，带来良好的空间过渡

光 位

要想用好光线，首先要了解光位，光位从字面上就可以理解它的基本含义，就是指光的位置或者所照射的方向，它对主体主要起到造型的作用。在数码摄影中，基础光位有五种，包括顺光、侧光、逆光、顶光、脚光，我们生活中那千变万化的光照效果，都是由这几种光位变化而来的。下面，让我们来详细地介绍它们。

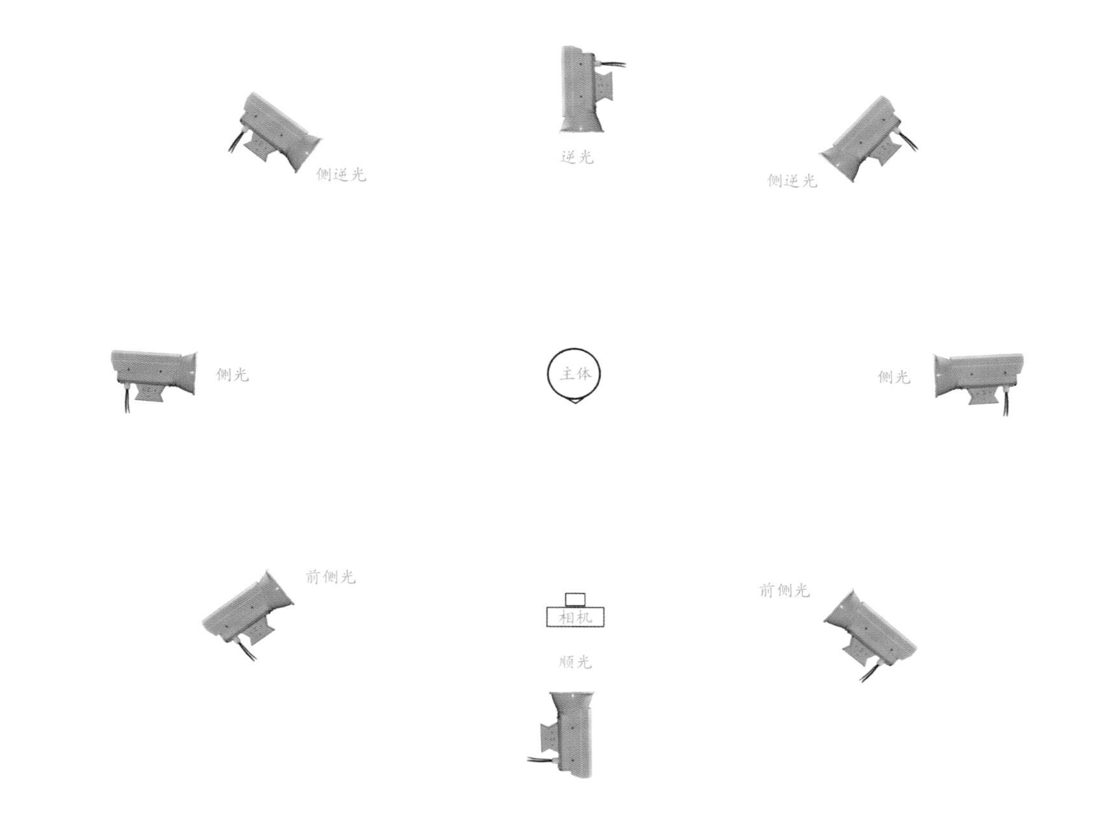

光位效果图

光圈：f/5.6，曝光时间：1/70 秒，感光度：100，焦距：35mm
在直射阳光的照射下，水泥路面的纹理和质感得到很好的表现。侧逆光位形成的明暗效果，使画面景物形态生动，空间感强

顺 光

顺光是指光线从拍摄者身后照射拍摄体的光线，光线的照射方向与拍摄方向相同。顺光在我们的日常生活中非常多见，根据光源的高低不同，可以有高位顺光、中位顺光、低位顺光多种。

高位顺光

用高位顺光拍摄，景物朝下的面在画面中可以得到一定的阴影，该光位在拍摄人像时经常使用，充足的面部光线可以突出人物的面部五官，并具有一定的立体表达。

光圈: f/3.5，曝光时间: 1/800秒，感光度: 100，焦距: 35mm
高位顺光下，景物朝下的面会处在阴影中，所以也会有一定的立体感产生，景物的色彩和形状特征表现突出

光圈：f/5.6，曝光时间：1/250秒，感光度：100，焦距：70mm
高位顺光使得人物整体明亮动人，皮肤细腻可人，面部五官有一定的立体效果

中位顺光

中位顺光会把景物变得更加平面，压缩距离和空间感，突出其形状和色彩特征。

光圈：f/3.5，曝光时间：1/250 秒，感光度：100，焦距：35mm
中位顺光表现景物的色彩和形状，能产生很好的效果

低位顺光

低位顺光同高位顺光的光照效果恰恰相反，景物朝上的面会有一定的阴影出现。该光位在人物拍摄中较少使用，但它却可以让景物个体得到更长的影子，有很多富有创意的摄影师会在这一影子上做些文章。

光圈：f/11，曝光时间：1/150 秒，感光度：100，焦距：35mm
低位顺光可以产生长长的阴影，强化光影和透视效果，并帮助构图

总体来讲，顺光更适合表现被摄体的形状和色彩，它充足的光线让景物的色彩更加饱和，而且因为缺少阴影，景物的形状特征更加突出。所以，对于色彩感强烈或者形状、个性突出的景物，运用顺光拍摄就非常合适。相对于顺光的这一表现优势，其最大的不足之处就是对景物的纹理质感、立体感和空间感不能有好的表达。所以在顺光条件下拍摄时，我们可以扬长避短，用景物的色彩和形状来增添画面的趣味性。

光圈：f/5.6，曝光时间：1/250 秒，感光度：100，焦距：35mm
顺光下，钢铁的质感表现欠佳。但是画面扬长避短，以个性的线条和框架结构给画面带来强的形式感，冷色调的运用也渲染了钢铁的触感和坚硬特性

侧光

侧光是指从拍摄者一侧照射主体的光线，光线的照射方向与拍摄方向呈 90° 左右的夹角。侧光是我们在拍摄中最常使用的一种光线，它根据不同的夹角大小可以分为前侧光、侧光、侧逆光等不同光效。

光圈：f/4，曝光时间：1/250 秒，感光度：100，焦距：35mm
午后的暖性侧光很好地刻画了景物的质感特征

前侧光

前侧光与拍摄方向大约成 45° 左右的夹角，拍摄主体的明亮面大于阴暗面，可以充分表现被摄体的形象特征和纹理质感，立体效果鲜明。该光位在拍摄人像时被经常用到，比如人像摄影中经典的伦勃朗光就属于前侧光效果。

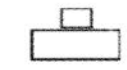

光圈：f/8，曝光时间：1/125 秒，感光度：100，焦距：45mm
前侧光下的景物，明亮面要大于阴暗面，所以整个画面会比较明亮，明暗效果强烈，质感表现和立体效果俱佳

光圈：f/3.5，曝光时间：1/250 秒，感光度：100，焦距：35mm
伦勃朗光是典型的前侧光光位，可以很好地表现人物面部的五官特征和立体效果，更可以美化脸型，使模特脸部修长

正侧光

正侧光与拍摄方向成 90° 左右的夹角，此一光效下，景物的明暗面基本呈平均分布状态，明暗交界位于主体的中间位置，重在突出明暗交界线周围的细节特征。但在拍摄人像时，该光效会把人脸变成“阴阳脸”，算不上美观，所以很多摄影师都会通过变动模特的姿态或者细微调整灯光位置来打破这一效果。

右页图。光圈：f/3.5，曝光时间：1/250 秒，感光度：100，焦距：50mm
使用正侧光拍摄人像时，可通过改变模特的摆姿来避免阴阳脸的出现，比如将模特的脸部面向光源

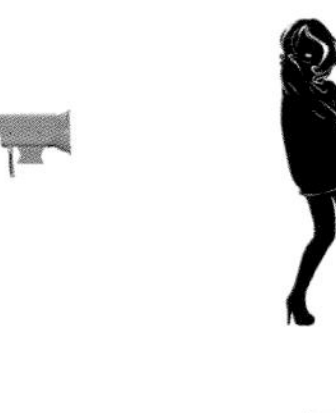

coci mcb

侧逆光

侧逆光与拍摄方向大约成 135° 左右的夹角，拍摄主体的明亮面小于阴暗面，整个画面趋向于低调效果，画面呈现出神秘的气氛。该光效在人像摄影中被经常作为轮廓光使用，即勾勒拍摄体的外部轮廓特征，并从背景中脱离出来，突出其空间立体效果。当画面需要表现低调效果时，该光效也非常适合。

光圈: f/2，曝光时间: 1/300秒，感光度: 100，焦距: 35mm
侧逆光下，景物的大部分区域处于阴暗面，要想避免明暗反差过大，可以对暗部进行补光处理，比如运用天空光，并作适当的过度曝光

光圈：f/3.5，曝光时间：1/125 秒，感光度：100，焦距：35mm
侧逆光可以勾勒出人物的外部轮廓，将其从背景中突出出来

总体来看，侧光更适合表现被摄体的质感纹理和空间立体效果，它强的明暗对比可以把被摄体的凹凸表面凸显出来，使人看上去富有触摸感。但同时，因为明暗反差较大，所以在很多时候景物的暗部细节会被丢失掉，此时就需要对暗部进行补光，缩小对比反差，将曝光范围控制在有效影调范围内，丰富景物的细节层次。

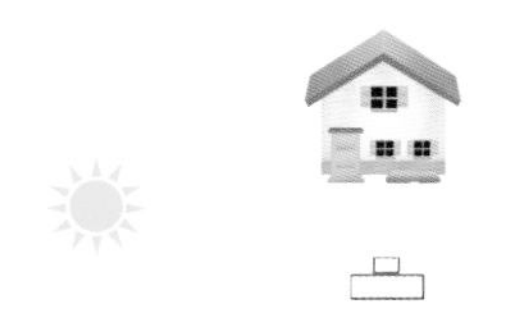

光圈：f/3.5，曝光时间：1/250 秒，感光度：100，焦距：35mm
晨昏光线因为光线柔和，光比反差小，所以非常适合作为侧光来使用，它不仅可以形象地刻画景物的质感特征，而且也可以保留明暗部的细节，不会因为反差过大而丧失暗部或者亮部的层次

逆 光

逆光是指从被摄体背后照射过来的光线，光照方向与拍摄方向相反。逆光有着独特的个性，也是较难把握的一种光线。一般情况下，逆光常用于拍摄朝霞、夕阳和剪影效果，但需要注意的是，逆光光源很容易会被纳入到镜头中，此时会影响曝光的准确性，同时会给画面带来眩光，影响画面景物的通透度。那么对于逆光，我们该如何运用呢？

光圈：f/3.5，曝光时间：1/500 秒，感光度：100，焦距：35mm
逆光照明下，景物的暗部会占据大部分画面，此时不妨运用景物长长的投影来帮助构图和丰富画面，避免过多暗部造成的低调效果

把逆光作为轮廓光使用

当逆光强于环境光时，逆光会在景物的轮廓周围形成一条明亮的线，从而勾勒出景物的轮廓。这一光效的作用是可以把景物主体从背景中脱离出来，尤其是深色的景物处在暗黑的背景下时，这一效果会更加明显，并使主体形象更生动和立体，画面的空间感更强。但有些时候，环境光的照度不是很强，景物主体的细节表达不够丰富，此时就需要对主体进行补光。

光圈：f/8，曝光时间：1/250 秒，感光度：100，焦距：50mm
逆光将小学生的背影轮廓勾勒了出来，在灰暗的背景下，其形象生动鲜明。金光闪闪的石头路面，透明的大红灯笼和安静的街道，一幅宁静祥和的放学归家图呈现在观者面前

剪影处理

在逆光主导画面的情况下，按照逆光强度来曝光，得到的直接效果就是画面主体变成了剪影。这一效果往往出现在晨昏光线或者是人造光源的条件下，剪影处理时要求拍摄主体的形态特征富有独特的魅力，或者是剪影处理的元素可以衬托画面主体的表现。剪影可以为画面带来强烈的形式感，能够简约画面，营造特殊的画面氛围。

光圈：f/5.6，曝光时间：1/350 秒，感光度：100，焦距：50mm
长长的身影一高一低地从远处移近，金色的轮廓线显现出人物的形态特征，这是我们在逆光观看人们的时候常有的视觉印象，往往能够产生祥和安静的心理感受

拍摄透明或半透明性物体

用逆光拍摄透明或半透明性物体时，可以充分体现它们的物理特征，得到特殊的画面美感。比如逆光下的树叶，其内在的纹理脉络清晰可见，美感十足。

光圈：f/5.6，曝光时间：1/350 秒，感光度：100，焦距：50mm
逆光下的藤叶色泽鲜艳，明度极高，且因为光线透射的作用，叶子的脉络清晰可见，让人感受到阳光明媚的欢乐气息

注意眩光

逆光拍摄最大的一个问题就是眩光。有过摄影经历的人大多都有感触，经过一天辛苦的拍摄，在电脑上却发现很多照片模糊不清，画面中有很多的光晕。这是因为当光源透射镜头时，镜头内的透镜会相互干扰，发生衍射，从而在画面中留下了光斑和晕迹，这会影响画面主体的表达，严重时会彻底毁掉一张不错的照片。解决眩光的方法有不少，简单总结下来行之有效的方法有以下几种：

光圈：f/2，曝光时间：1/250秒，感光度：100，焦距：35mm
通过移动镜头和变换拍摄角度，利用景物来遮挡强烈的阳光，是一种减弱眩光的有效方法，屡试不爽

（1）使用遮光罩。遮光罩可以遮挡对面光源的照射，避免眩光的产生。

（2）有时遮光罩可能仍然不够用，这时可以将手或者是手边的书本、灰卡等一切可以遮光的东西拿来放在遮光罩的上方，通过变换角度来遮挡光线，效果很棒。

（3）变换拍摄角度。如果没有上述的那些条件，那就只能变换拍摄角度，通过移动镜头或者拍摄位置来避免眩光了。

光圈：f/5.6，曝光时间：1/250秒，感光度：100，焦距：35mm
其实，眩光也不一定是要避之唯恐不及的，合理利用眩光，也可以为画面带来别样的意境感受。比如黄昏日落的景象，有一定的眩光在画面中，更能够渲染阳光的暧昧时刻，使得画面更加祥和、安定，充满诗意的美感

顶 光

顶光是来自被摄对象正上方的光线，在顶光的照射下，被摄对象的水平面照度大于垂直面照度，因而会缺乏层次感。顶光相对于上面几种光位，就显得用之甚少了。因为在室外拍摄时，顶光一般会出现在中午时分，这当然不是最佳拍摄时间，也不会是最好的拍摄光线。但在室内摄影中，一般的光源都是出现在景物的上方，所以顶光效果会多一些。在这一环境下拍摄人像，人物脸部会形成难看的阴影。

解决的方法是：

（1）对暗部进行补光。通过补光缩小明暗反差，减弱阴影对主体形象的影响。
（2）提高拍摄角度，对景物进行俯拍。如此，景物的水平受光面就会被更多地呈现在画面中，从而从根本上改变了顶光所给人的刻板印象。

光圈：f/3.5，曝光时间：1/60 秒，感光度：100，焦距：35mm
在室内的灯光大多安装在屋顶之上，所以室内景物在灯光照射下，大多会呈现为顶光光效。同时，因为四面白墙可以反射部分灯光，且景物一般远离光源，光线不会特别强烈，所以景物在一定程度上不会有特别大的光比。在拍摄时，只需向上补光，就可以得到柔和的光线反差

右页图。光圈：f/8，曝光时间：1/125 秒，感光度：100，焦距：50mm
顶光拍摄人像时，脸部会形成难看的阴影。此时可以俯视拍摄人物，模特头部仰视光源，可以得到明亮、均匀的照明

脚光

脚光来自于被摄对象正下方，在日常摄影中，脚光并不被大家所常用，尤其是在人像摄影中，脚光会给人带来不好的感情联想。用脚光拍摄时，要注意对景物的暗部进行补光，丰富画面的细节层次。

光圈：f/4，曝光时间：1/125 秒，感光度：100，焦距：40mm
脚光的运用衬托了画面中羞涩的模特，光比的适当控制没有给画面带来负面效果

光圈：f/2，曝光时间：1/450 秒，感光度：100，焦距：35mm
脚光也可以运用特殊的表现形式达到别样的画面效果，比如这幅照片，有意利用水面波纹的反光，将摄影师的投影投射到墙壁上，营造出一种光影波澜的画面感觉，似真亦假，脚光的运用别具一格

自然光

自然光是摄影中最基本的光线，但也是最变化不定、难以预料的光线。我们知道，自然光来自于太阳，但因为太阳在一天甚至一年中都会随着时间的转移而不断发生空间上的变化，加之各种天气条件、自然环境等的影响，可以说它的明度、颜色等特征没有一刻是相同的。面对自然光如此诡异多变的“性格”，我们该如何把握它呢？

光圈：f/11，曝光时间：1/200秒，感光度：100，焦距：35mm
漫天的云彩遮挡了阳光，因为云层较薄，光线透过云层弱弱地照射着古城。我们通过同一场景的这三幅照片可以看到，在同一场景下，不同的时段，会有截然不同的光照效果。自然光的这种千变万化对于曝光和画面控制提出了更高的要求

光圈：f/11，曝光时间：1/350秒，感光度：100，焦距：35mm
云层飘逸，太阳透过云隙普照整个古城，而远处却还是白云茫茫

光圈：f/11，曝光时间：1/250秒，感光度：100，焦距：35mm
由于天空飘逸的云朵，古城阴阳两半天

首先，我们要学会研究和发现自然光在一天和一年中的变化规律，并理解其对摄影的影响。要做到这一点，方法很简单，但需要你的坚持。你可以寻找一个自己感兴趣的景物，并选择在晴天里对它拍摄，如果你始终从一个固定的位置每隔一小时拍摄它一张，那么从你拍摄的照片中就可以发现太阳移动过程中光线的变化效果；如果你是选择在某一特定时刻围绕拍摄主体拍摄一圈，那么你会从拍摄的照片中发现不同位置的光线对主体的不同塑造效果；如果你有足够的毅力坚持一年四季每天对同一主体进行拍摄，那么在这一拍摄过程中，对于光线你会获得更加深刻的理解，你会了解不同的季节、天气状况下，自然光的不同塑造效果。

其次，在研究的基础上学会如何控制自然光。在了解不同季节、天气状况和一天中不同时间的光线效果后，就可以根据不同的拍摄主体选择相应的拍摄时间，运用最理想的光线营造画面气氛和景物特征。比如晨昏光线的动人色彩适合表现画面的整体气氛；而上午 10 点之前和下午 2 点之后的光线则适合揭示主体的结构和质感；相比 12 月份的寒冷早晨那白色的霜雪和纯净的冷色调带来的梦幻效果，10 月份的凉爽清晨更多了些许朦胧的意境。

光圈：f/3.5，曝光时间：1/250 秒，感光度：100，焦距：40mm
烟雾朦胧的清晨，光比反差很小，石阶小路上落满的树叶营造了十月金秋的意境效果

光圈：f/8，曝光时间：1/100 秒，感光度：100，焦距：35mm
黄昏时的霞光给画面带来亮丽的色彩，极富感染力，最能打动人心

晨昏光

晨昏光线被摄影人赋予特殊的好感，被称之为最美光线，这完全来自于它身上所具有的特殊品质，即那别具一格的基调美感和富有生气的温暖气质。早晨和黄昏的阳光因为色温较低，所以容易在画面中呈现为一种柔和的暖色调，被照射的景物仿佛被镀上了一层金色，极具渲染力。同时因为此时光线的照射角度较低，几乎是扫射大地，再加之天空光对景物暗部的补充，使得景物的光比反差不是太大，在感光元件（胶片）的有效宽容度内可以记录更多的景物细节，而侧光照明更能将景物的质感刻画得淋漓尽致。总体来讲，对于晨昏光线，我们可以有以下方法来加以运用：

用晨光来表现明净、空寂的气氛

晨光相对于黄昏光线更具有一种清透、纯净的感觉，这是因为大气经过了一夜的沉淀，没有了交通和人流的影响，在清晨更加的空静，且在万物开始复苏之际，更让人在心理上产生纯净、舒畅、安静的感觉。

光圈：f/11，曝光时间：1/250 秒，感光度：100，焦距：35mm
晨光的小光比和明净气氛，为画面带来纯净的画面感觉

利用晨雾来表现光线的线条感和柔和的画面意境

在清晨，很多时候都会有晨雾出现，你不妨寻找晨光穿透雾气时所形成的线条感来表现光线意境；或者利用晨雾的朦胧感，柔化景物，强化空间意境。

光圈：f/8，曝光时间：1/90 秒，感光度：100，焦距：35mm
晨光穿透云层，四射开来，金灿灿的光柱如同佛光一般，震撼人的视觉，激荡人的身心

用黄昏光线表现温暖、祥和的气氛

黄昏光线因为尘埃和午后热气的累积，没有清晨光线那样清透，但它颇具渲染力的红色调还是具有一种温暖、祥和的品质，尤其适合拍摄肖像照，那柔和的暖色调光线，会使人物脸部洋溢着动人的光辉。

光圈：f/3.5，曝光时间：1/250 秒，感光度：100，焦距：35mm
黄昏暖色的光线使得画面中的一切都具有了暖色的诗意，非常具有感染力

选择逆光拍摄

在晨昏时刻，选择逆光下拍摄可以为画面带来更加强烈的感情色彩。景物处在剪影效果之下，并在画面中保持存在有效的前景成分，使一切显得安静、祥和且富有生机和活力。

光圈：f/11，曝光时间：1/100 秒，感光度：100，焦距：35mm
用长长的影子和金黄的地面做前景，营造黄昏悠闲、祥和的气氛，画面中的人物带来美好的感情联想

把握住拍摄时机

不得不说，一切美好的时刻总是稍纵即逝，晨昏光线也是如此。因此，必须做好迎接晨昏光线的拍摄准备。当太阳停留在地平线上时，你必须行动迅速，且目标明确，保证不会因为手忙脚乱而错失了最佳的拍摄时机。

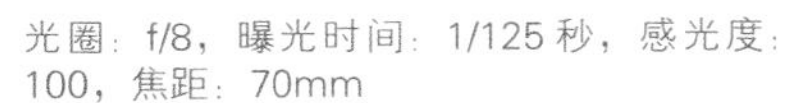

光圈：f/8，曝光时间：1/125 秒，感光度：100，焦距：70mm
日出和日落的时间都非常短暂，最好的拍摄时间稍纵即逝，所以要做好拍摄准备，待时机来临，要稳、准、狠，抓拍准确，保证清晰，凝固下最精彩的画面瞬间

中午强光

中午强烈的光线不是摄影师喜欢的光线，而且也不容易塑造出景物的美感。因为景物会在强烈光线的照射下形成浓重的阴影，且光比反差极大，曝光难以控制，画面刻板、僵硬，缺乏生气。不过，任何光线都有它的两面性，作为摄影师，面对光线时要学会趋利避害，发现光线的优势特征，并尽求表达之。

光圈：f/3.5，曝光时间：1/600秒，感光度：100，焦距：35mm
在中午拍摄时，选择景物也很重要。可以选择空间落差不大的景物，比如浮萍，因为它是紧贴水面的，所以即便是中午强光，也不会看到有很大的阴影产生。此时运用水面反光，避免直接面对强烈的光线，不仅可以有效控制光比，还可以制造出别样的画面效果，富有新意

控制曝光

在强烈的阳光下拍摄，首先要解决的是反差大的难题。许多相机的中央重点测光系统会因为景物明暗反差过大而测光失灵，带来强光部分曝光过度或者阴影部分曝光不足等曝光错误。尤其是在水边、沙滩或者路面等充满强烈反光表面的地方拍照时，这种现象会更为严重。但此时，如果用相机的点测光功能就可以对拍摄画面有较多的曝光控制，不论是对亮部测光还是对暗部测光，都可以实现一定的画面诉求。如果你的相机只有中央重点测光等平均测光功能，则可把相机靠近被摄体测光，以消除背景光对测光的影响。

光圈：f/2，曝光时间：1/800 秒，感光度：200，焦距：35mm
选择点测光模式，对花卉的亮部测光曝光，虽然会有部分曝光过度，但是却更加衬托了花卉的娇艳和明丽，不失为一种表现手段

如果拍摄一般的街景、风景或建筑物，应当仔细观察阳光强烈照射着的表面和颜色

白墙反光虽然很强，但是如果处在阴影中，看起来则是灰暗的，结果会拍出平淡的照片。对待建筑物应遵循的一般规则是，决不要拍摄处于阴影中的建筑物或物体表面。等待阳光照射到物体表面，那时景物的色彩更饱和，反差更充分，细节更丰富。还可设法寻找低视点，把一部分蓝天纳入画面上方。在强光下摄影应当考虑到的最重要的问题之一是选择合适的背景。晴朗的蓝天能为任何被摄体提供美丽的背景。拍摄时不妨蹲下身子，直到你看到被摄体后面全是天空时拍摄，用天空来衬托建筑的形体特征，且可以使建筑物的透视更加夸张，其形象显得更加高耸、挺拔、威严。

光圈：f/11，曝光时间：1/100 秒，感光度：100，焦距：50mm
灰白色的墙壁在光线的照射下具有了与暗部不一样的暖色调，蓝天和云朵丰富了画面层次，增加了徽式建筑的意境气氛

适当补光

在强光下摄影，浓重的阴影会影响画面美感，此时需要通过对暗部进行补光来缩小景物的光比反差。补光的方法有很多，可以利用现场环境来补光，比如在拍摄人像时可以让其到一面白墙旁边，利用白墙的反射光来对人物的暗部进行补光。当然，你也可以直接将自己的白色体恤脱下来扔到地面上来做反光板使用，是不是很有效果呢？

光圈：f/8，曝光时间：1/100 秒，感光度：100，焦距：35mm
使用反光板对强光下的人物进行暗部补光，也是经常使用的降低明暗反差，表现暗部细节的手段之一

天空光

天空光在摄影中扮演着重要的角色，关注天空光对画面的影响对于摄影表现有显著效果。从光线的性质上来看，天空光属于散射光线，因为它反射自蓝天，所以光线色温相对较高，呈现蓝色特征，又因为它是散射光线，所以在它的主要作用下，景物表现柔和，明暗对比不会太强烈。在实际拍摄中，不管是在室内还是在室外环境下，景物都会受到天空光的影响，所以要格外留意天空光对画面景物的造型作用，那么我们可以利用天空光为我们的画面表现带来哪些帮助呢？我们可以从以下几种拍摄条件来分析。

光圈：f/3.5，曝光时间：1/100 秒，感光度：100，焦距：35mm
受天空光的影响，处于阴影中的花枝偏向蓝色调，且明暗反差较小，与阳光中的花枝部分反差较大

在晴天阳光直射下拍摄

此时，天空光主要起到的是辅助照明的作用，即对景物的暗部进行补光，使得在一定时间段内，景物的明暗反差比较适宜，这对于摄影来说非常有利，所以有经验的摄影师都会选择在上午 10 点之前或者下午 2 点之后拍摄。因为这一时间段内的太阳光不是很强烈，与阴影的天空光光比反差不是很大，这对于感光原件（胶片）来说，可记录的影像范围，即景物的细节会更加丰富和宽广。另外，天空光相对于白色的阳光而言，倾向于蓝色，所以阴影中的景物都会倾向于一种蓝色调。可是在日常生活中，我们的肉眼会过滤掉这种差别，这是因为我们的肉眼对景物有很强的色彩记忆能力，它会自动平衡和调节这种色彩区别，让我们对这种色彩差异熟视无睹，而这会影响我们对景物色彩的判断，最终失去对画面效果的掌控和预知。这也是为什么在拍摄前景物的色彩看上去很正常，而当观看照片时却发现完全变了样的原因所在。所以在拍摄时，我们要有意识地注意这一客观事实，做到心中有数，使画面的色彩对比更加和谐。

光圈：f/8，曝光时间：1/400 秒，感光度：100，焦距：35mm
午后的阳光渐渐变得不再强烈，平时阴影中不为人察觉的色彩在照片中被真实还原。从画面中可看出，阴影中的景物偏向蓝色，同时受周围绿树的影响，阴影中还含有一部分的绿色调

光圈：f/2.0，曝光时间：1/500 秒，感光度：100，焦距：35mm
若想还原阴影中主体的色彩，就需要有意识地针对现场光线对白平衡进行调节，比如设置白平衡为阴影模式，就可以得到相对准确的真实色彩

光圈：f/3.5，曝光时间：1/50 秒，感光度：100，焦距：35mm
在风光摄影中，有效运用反射物体的性质来表现画面，实现构图，是一种非常讨巧的表现手法。画面中的湖水反射天空的霞光，营造出天水一色、绚烂多变的色彩效果，极富美感和渲染力

清晨太阳未升起前和黄昏太阳落山之后拍摄

这时景物的照明主要来自于天空光，而这时的天空光色彩也是最丰富的。这一时间段内，很多摄影师更愿意迎着太阳升起或落下的方向拍摄，因为此时的天空色彩变化最为丰富，天空往往成为这一时间段内的表现主体。此外，具有反光性质的景物，如湖面、沙滩等也是很好的表现主体，因为它们可以反射天空光的丰富色彩和层次，带来别样的画面效果。

朝霞或晚霞下拍摄

朝霞或晚霞是风光摄影师喜爱的表现主题，因为它强烈的色彩感很具有画面渲染力。朝霞光或晚霞光也是天空光的一种，只是相比蓝天光，它比较特别而已。利用霞光，我们可以突出表现它的色彩属性，将其感染力发挥到极致，比如在顺光下拍摄，就是最能够体现其色彩的一种表现手法。此外，最具艺术效果的就是迎着霞光，逆光拍摄，这不仅可以突出景物的空间立体效果，同时也利用了蓝天光，为画面带来冷暖对比，并营造出神秘感。如果天空有云朵，那就更加美妙了，静心等待那最生动的云朵状态，然后适时按下快门，一幅愉悦人心的作品就此产生。

光圈：f/8，曝光时间：1/30 秒，感光度：100，焦距：24mm
霞光色彩的丰富变化由天空的薄云体现出来，生动异常，成为画面氛围的主要营造者，连霞光映照下的古城，也具有了一种梦幻的色彩，这样的美妙时刻是任何风光摄影师都无法抗拒的

阴天下拍摄

阴天带来的是柔和的天空光，一切景物都没有了鲜明的对比，统一在这一种光线条件之下。这时，你只需将相机的白平衡模式设置在阴天模式，景物色彩就可以被安全还原。阴天下的天空光最适合拍摄人物肖像，可以把人物刻画得柔和细腻，富有细节美感。

光圈：f/5.6，曝光时间：1/200 秒，感光度：100，焦距：35mm
阴天下的柔和光线可以表现出静谧、平和的画面氛围，一切看上去都是缓缓的、弱弱的、轻轻的

薄雾天气下拍摄

薄雾天气下的天空光一般都偏向于冷色调，所以会给人一种清冷、空寂的色彩感觉，加之雾气带来的朦胧神秘感，成为很多摄影师制造特殊画面效果的有力工具。尤其是在一年四季中，经常出现的晨雾不仅继承了清晨的幽静特质，更兼具阳光的色彩感，具备了感人的情感元素。比如太阳初升、晨雾尚存之时，那斜射进雾气中的金色光芒，使得雾气中的景色立时具有了一种诗意的辉煌和神性色彩。

光圈：f/5.6，曝光时间：1/50 秒，感光度：100，焦距：35mm
清晨的太阳还未出现，却已经将天空的流云镀上了堂皇的色彩，预示即将到来的光明和一日的复苏，而大地上的景物此时却还处在清冷、空寂之中，像是还没睡醒。画面冷暖对比强烈，天空和地面的情势表达冲突中有和谐，像是喧闹之前的片刻宁静，让人动情

窗户光

窗户光是拍摄人像和静物非常受用的一种自然光线，它通过窗户形成一定面积的明亮区域，并具有显著的方向性，犹如一盏被放大了的聚光灯，非常有表现性，只要适当控制光比，就可以得到细节丰富，立体感强烈的照片。

光圈：f/5.6，曝光时间：1/200 秒，感光度：100，焦距：35mm
屋外光线斜射进来，照在人物身上，形成侧逆光照明效果，很好地衬托了劳动气氛。地面和人物手中的编织物给人物的脸部和上半身进行了补光，缩小了光比反差，带来丰富的细节层次和极强的立体效果

在选择窗户光时，方向朝南、光线充足的房间是第一选择，同时最好还要挑选窗户大的房间，朝西南开的窗户更好。因为傍晚时分，暖色调的落日余晖泻进屋里，为拍摄创造了更好的机会。可以待房里的光线适当变暗后拍摄，因为增加光线比减少光线要容易得多。如果房间里到处都是强光，那你就不可能按照自己的愿望来拍摄照片了。使用窗户光拍摄，要注意的问题有：

（1）当你使用北面的窗户光拍摄时，只要天气不变，其在一天中的变化是很小的，你可以得到更加稳定和柔和的光线，很多画家都喜欢运用北面的窗户光来绘画，就是这一原因。但是，需要注意的一点是，北面的窗户光来自于天空光，容易产生蓝色调，所以需要设置好白平衡，防止画面偏色。这一均匀、柔和的光线非常适合拍摄人像和静物，如果再配以三脚架，那是最好不过了。

光圈：f/3.5，曝光时间：1/100 秒，感光度：100，焦距：35mm
北面的窗户光光线柔和，强度较弱，所以在拍摄时要将拍摄主体适当靠近窗子，使照射在主体身上的光线更加充足、明亮

（2）当你使用南面的窗户光拍摄时，一般会有直射的阳光照射进来，此时一般要选择在上午或者傍晚时拍摄，因为此时的光线比较柔和，光比反差不会太大。如果是中午拍摄，那么可以拉上半透明的窗帘或者在窗玻璃上应用单层棉纸等可以过滤光线的物体来使强烈的直射阳光柔和化。

光圈：f/3.5，曝光时间：1/100秒，感光度：100，焦距：35mm
当光线照射进来时，一般首先要解决光比反差过大的问题，对暗部进行补光是一种有效方法

（3）使用窗户光拍摄时，如果屋子里的光线过暗，明暗反差过大，可以打开屋内的灯光来补光，并在暗部形成特有的色彩效果。如果补光效果不大，则要使用反光板等可以反射光线的物体对暗部进行反光，来得到光比反差合适的影像。此外，当对着窗户拍摄时，很容易产生逆光，此时相机的测光系统会失灵，造成曝光不足，人物会产生剪影效果，如果既要使得窗子外面的景物富有细节，同时窗子前的人物又能曝光准确，就只能对人物进行人工反光。

光圈：f/3.5，曝光时间：1/100 秒，感光度：100，焦距：35mm
日近黄昏，室内外的光线反差过大，若在此时用窗户光拍摄，暗部一定会一片黑暗。此时可以打开屋内灯光，缓和景物的光比反差，同时利用灯光和室外自然光的色温差异，营造一种特别的色调效果，比如这幅照片的暗部就在灯光的照射下偏向暖色

月 光

作为自然光之一的月光并不是我们最常用的一种光线，因为它出现的时间段不是摄影人最热闹的时候，所以有些被冷落。但是，专业的摄影师却知道它独特的美而欣然向往之。月光因为出现在夜晚，所以带有神秘的特质。要想运用好月光，我们首先应该清楚月光的特性。月光是月亮反射太阳光后形成的光线，所以照度较低，对比效果较弱。这一特性产生的直接后果就是，要想画面清晰，曝光准确，必须长时间稳固照相机拍摄，这就需要使用到三脚架，更进一步的话，还要加用快门线。此外，对相机的感光度还有一定的要求，感光度过高会给画面带来严重的颗粒，尤其是在长时间曝光中，暗环境下颗粒效果会更加明显。利用月光我们可以创造很多的画面效果，比如：

利用月光的冷色调制造神秘的画面气氛

月光属于冷光，朦胧的夜色下，一切都被蒙上了一层神秘的气息，你只需选择中意的景物，比如建筑、植物、水面等，再利用光影效果就可以将这种神秘感表现得淋漓尽致。

光圈：f/3.5，曝光时间：1/10 秒，感光度：100，焦距：35mm
利用月光的冷色调将古城街道渲染得神秘而朦胧，如同身临其境。微湿的石板路面反射着一点暖色的灯光，将这条通幽小街的神秘意境表现得活灵活现

加用人工光源制造特殊的画面氛围

在月光下拍摄，你完全可以不拘一格，用你的聪明才智尽情发挥光线的魔力。比如，你可以用手电筒对景物进行补光，突出表现景物的某一特征，并给画面带来冷暖的对比效果；你还可以用你手中的闪光灯对你的景物进行补光，并通过长时间曝光，来为画面制造一种惊喜；如果你是在野外，你还可以升起火把，让温暖的光在清冷的夜色中尽情燃烧。

光圈：f/3.5，曝光时间：1/30 秒，感光度：100，焦距：50mm
用暖色的灯光给鱼补光，将相机的白平衡设置在日光模式，一种戏剧化的色彩对比效果呈现出来

使用 B 门拍摄夜空

你可能早有过这一视觉经验，那就是夜空的繁星在空中划出了条条的曲线，而地面的景物却都是清晰的。要获得这一效果，你可以找一个明月当空的夜晚，支撑好三脚架，并使用快门线，在构图中将月亮剪裁出去（如果画面中有月亮，会形成一条长而宽的亮斑，严重影响画面美观），对着星空和地面的景物，用 B 门拍摄，就可获得这一效果。

光圈：f/ 8 ，曝光时间：1/40 秒，感光度：200，焦距：35mm
支好三脚架，按下 B 门，然后缓缓转动相机 180° ，你会发现天空的星星被拉出了一条长线，地面的景物也变得朦胧幻化，非常有趣

人工光

摄影中的人工光是指一切非自然光的人造光源，如钨丝灯、日光灯、闪光灯、霓虹灯等。因为是人造光源，所以相对于自然光来讲，它的可操控性会更强。在我们的日常生活环境中，人工光的种类多种多样，因此对我们的拍摄也提出了更高的要求。一般的拍摄情况下，人工光更多的是被作为环境光或现场光来使用的，比如在室内拍摄时，室内的主照明灯具就是我们通常所说的现场光，而室内其他辅助照明，如屋顶周围的小射灯，或者桌子上的台灯等，就属于环境光。在人工光环境下拍摄，我们该注意哪些问题呢？

光圈：f/3.5，曝光时间：1/50秒，感光度：100，焦距：35mm
利用现场中的人工光来突出主体，并利用色温差异所形成的冷暖对比，使画面富有了劳动的活力和气氛，一幅挑灯夜战的景象生动地表现出来

保证画面清晰

人工光一般都比阳光暗淡，所以它需要更多的曝光量来实现准确曝光。在拍摄时，使用光圈优先模式，并设置到最大光圈拍摄。如果快门速度过低，可以通过调节感光度或者使用曝光补偿的方法来提高快门速度，保证画面的清晰。如果人工光线暗淡，无法手持拍摄，就要使用三脚架或者借助支撑物来拍摄了。

光圈：f/5.6，曝光时间：1/80 秒，感光度：200，焦距：35mm
对亮部订光曝光，将人物处理成剪影效果，突出其劳动的身影，有效规避了光比反差过大所带来的烦恼，使画面更具艺术效果。同时提高感光度来提高快门速度，保证画面清晰

利用好现场光

上面说过，在我们的生活环境中，很多人工光都起着现场光或环境光的作用，利用好它们，对于画面的表现非常有利。比如在白天室内拍摄时，现场光可以给室内的景物带来柔和的光比，同时现场光的色温也可以为画面带来不一样的色彩效果。

光圈：f/8，曝光时间：1/100 秒，感光度：300，焦距：35mm
大的室内空间中，往往光线强度较弱，所以室内外反差较大。利用室内现场光，就可以有效弥补这一反差，缩小光比，得到较好的表现效果

控制好色温

人工光的种类多种多样，所以其色温会各不相同，且受灯具质量和制作过程的差异影响，同种类的光源色温也会有差异。因此在实际拍摄中，控制好人工光的色温，更或者说如何利用好它们的色彩是制造画面气氛的重要手段。有时候，我们可以通过设置色温白平衡来使景物的色彩得到真实还原，比如设置为钨丝灯模式或者是日光灯模式，但有时候，不进行色温校准，利用现场光的色温却可以为画面带来戏剧性的色彩效果。

光圈：f/5.6，曝光时间：1/10 秒，感光度：200，焦距：35mm
通过设置色温白平衡，不对人工光的色温进行校准，却可以得到极富戏剧性的画面效果。人工光的暖色和天空光的冷色被强烈夸张，渲染出室内的温暖和室外的寒冷

多试验

当环境中有多种人工光照明时，你可以试着使用不同的白平衡模式进行拍摄，从中选择自己认为色彩效果最满意的一种模式。

光圈：f/3.5，曝光时间：1/60 秒，感光度：100，焦距：35mm
面对人工光源比较复杂的场景时，可以通过变换设置白平衡来查看相应的画面效果，选择自己最满意的白平衡设置来表现

制造特殊光效

上面说过，人工光的可操控性较强，比如室内用的闪光灯、造型灯、台灯、碗灯等，你可以通过移动它们的位置或者改变它们的发光强弱来塑造不同的光效和画面效果。这里面就充满了各种创作的可能性和未知的画面效果，你大可以尽情一试。比如你可以利用自己屋内的台灯从自己中意的位置为拍摄主体打光，营造自己想要的光影效果。

光圈：f/1.8，曝光时间：1/100 秒，感光度：100，焦距：110mm
在室内利用人工光，并对其角度和强弱进行控制，可以拍摄出特殊光效的静物画面

混合光

混合光是指由两种或两种以上的光线组合在一起所形成的一种光线条件。因为混合光的种类较多，所以对曝光和画面的色彩控制提出了更高的要求。有时候，我们拍完落日后会收拾起相机准备离去，其实，此时还有更多激动人心的景色在等待着你去拍摄，比如由暮光、月光以及各种各样人造光源共同作用下的城市建筑，就正是粉墨登场的时候。在混合光条件下，我们拍摄时要注意哪些方面呢?

光圈：f/2，曝光时间：1/60 秒，感光度：300，焦距：35mm
天空的蓝色光和人工光共同作用画面，带来色彩丰富、冷暖对比强烈的画面效果

曝光控制

因为混合光的光照条件复杂，不同环境下的光照差异很大，所以要依据拍摄环境确定适合的曝光依据。比如华灯初上、夜色降临之时，正是拍摄城市夜景的最佳时段。此时天空光照明还算充足，城市建筑物的轮廓分明，景物明暗反差不是很大，加之各种人造光源的辅助照明，可以表现出城市夜色的华丽美感。此一情况下曝光，就要依据天空光的强弱来定曝光参数，即对天空光测光曝光，如若对地面景物测光，很容易造成曝光过度，使得天空一片惨白，没有了暮色的神秘感。如若是在室内灯光环境下拍摄，一般情况下要根据拍摄主体的明暗强度来制定曝光参数，使主体得到恰到的表现。

色彩控制

混合光的色温各有不同，因此在拍摄时，会出现各种不同的光线色彩，因此如何设置白平衡就变得非常重要。此时一般要根据主要照明光线来确定白平衡设置，比如在室外拍摄建筑时，一般会根据自然光设置相应的白平衡，而建筑内的灯光色彩则起到点缀画面、表现气氛的作用。但是也有很多摄影师会故意设置不相对应的白平衡，使画面呈现一种特殊的色彩基调，表达某种感情意境。这也是混合光照明的魅力所在，它为摄影师提供了各种表现的可能。

光圈：f/3.5，曝光时间：1/30 秒，感光度：300，焦距：35mm
对天空光测光曝光，保证天空和地面景物富有层次和细节，人工光下的城市更多的是表现其辉煌的色调，彰显其繁华气氛

光圈：f/3.5，曝光时间：1/50 秒，感光度：300，焦距：35mm
混合光最大的魅力之处就是在于它的色彩变化所给画面带来的渲染效果，摄影师可以通过控制色温来营造多种画面效果

Chapter 5
自然风景实战精讲

自然风景是我们喜闻乐见的拍摄题材，在相关的摄影领域中，风光摄影是拥有最大拍摄人群的一个门类。不管是外出旅行还是专业创作，风景永远都是触手可及、最为重要的拍摄对象。所以，在本章节中将对自然风景中的重要拍摄题材以案例的形式加以阐述，帮助读者领会和掌握相关的拍摄经验和技法，提高自己在该摄影领域内的拍摄技能。

如何拍摄日出和日落

日出和日落一直是摄影人喜爱的拍摄题材，因为它们特有的美丽气质和丰富寓意而被人们赋予特殊的情感色彩。“一日之计在于晨”、“夕阳无限好，只是近黄昏”等就是人们表达感情寄托的先例。但是，正所谓美丽的景色总是来也匆匆，去也匆匆，日出和日落的前后时间只不过短短的20分钟左右，所以在拍摄日出和日落时必须把握时机，事先做好准备，并当机立断。

下图。光圈：f/8，曝光时间：1/100秒，感光度：200，焦距：35mm
光线给画面中的景物带来无限的色彩和光影魅力。清晨的光线温暖和缓，用逆光表现安静的清晨和吃草的羊群，营造出宁静而又充满生命活力的乡村田园图

光圈：f/8，曝光时间：1/125 秒，感光度：200，焦距：50mm
自然无时无刻不在演绎着美的变化，带上设备，走向前去，拍下它们

地点选择

拍摄日出和日落，地点的选择很重要，一个良好的拍摄地点，需要满足以下几个条件：首先要能够清楚无碍地观看日出和日落。如果条件允许，选择到野外拍摄会更好，因为野外空气透度要比城市好很多。再次是视野要开阔，如选择较高的地势，像山丘、楼顶等，也可以选择像湖边、海边等一马平川的地点，都可以拍摄出绝佳的景色。拍摄日出、日落时，选址得当，就等于成功了一半！

光圈：f/5.6，曝光时间：1/150 秒，感光度：200，焦距：45mm
选择河边的小山丘或者高起的岩石作为拍摄点，争取视野能够俯视河面，其远处景物的空间线条彼此鲜明，可营造更加广阔的空间效果，减少日出的障碍物，使得日出景象更加辽阔和具有震撼力

何时去拍

就季节来讲，拍摄日出和日落的最佳季节是春、秋两季，因为这两季比夏天的日出要晚，日落要早，且春秋云层较多，可增加拍摄的效果。此外，因为日出和日落受时间的影响颇大，所以在拍摄之前，最好先踩点，摸定日出日落的时间变化，再拍摄时就心中有数了。在很多情况下，拍摄日出和日落都不可能一次成功，需要你边拍摄边总结，锲而不舍地去拍摄，才有可能获得佳作。另外，出发之前，多留意一下当天的天气预报，以免枉费了一番努力。

右页图。光圈：f/2.0，曝光时间：1/400 秒，感光度：200，焦距：35mm
秋季的日落可以将树木等的色彩渲染得更加绚丽，为画面带来与其他季节截然不同的画面效果

什么时候该按下快门

日出或者日落的时间很短暂，而在这短短的时间内，每一分钟的景色都在发生着变化。就拿日落的过程来说，大致分为四个阶段，首先是太阳变黄，然后变为红色的长蛋形并开始沉入地平线，再到水平线上消失，及至天空由红转紫再转深蓝。时间看似很长，但太阳从刚刚接触山线或水平线到完全沉没，可能只需要两分钟左右。而对于很多摄影者而言，太阳下山就意味着拍摄的结束，其实不然，太阳下山后的半小时，美妙的色彩变化会缓缓上演，精彩的照片也会在此产生。

光圈：f/5.6，曝光时间：1/100 秒，感光度：100，焦距：35mm
当太阳接触山线之时，你能拍摄太阳的时间可能只有 1—2 分钟，这需要你拍摄迅速，同时要保证曝光和构图的准确。当画面天空没有云霞点缀的时候，保留更多的地面景物可以让画面看上去更饱满，比如水面，它能够反射夕阳的暖色光线，带来水天一色的画面效果

拍摄日出时，应从太阳尚未升起、天空开始出现彩霞的时候开始拍摄，当太阳升高到一定程度，光线开始变得明亮苍白时，日出的气氛也就基本消失殆尽了。而拍摄日落则应该从太阳光开始减弱，周边天空或者云彩开始出现红色或者黄色的晚霞时开始拍摄，如果过早拍摄，会因为太阳的亮度过强而无法营造日落气氛，且强烈的直射阳光会给相机带来潜在的伤害。

光圈：f/4.5，曝光时间：1/60 秒，感光度：100，焦距：35mm
日落之后，先不要着急离开，不妨略等片刻。有时候日落后的天空会出现非常丰富的色彩变化，极其绚丽，会给你的画面带来绝对的视觉震撼

云彩很重要

云彩在日出和日落的画面中有着强烈的渲染作用，有些画面正因为有了多姿多彩的云朵才变得与众不同。所以在拍摄的时候，要注意观察云彩的气势、动态和形状，当出现精彩的云彩形态时，可以把它当做画面的主角着重来表现。

上图。光圈：f/11，曝光时间：1/60 秒，感光度：100，焦距：35mm
夕阳下的云彩不仅可以丰富天空，当光线穿透云彩时，可以制造四散放射的光线效果，很有视觉冲击力

善于运用前景

在拍摄日出、日落的时候，有时天空会因为缺乏云彩而显得过于单调，此时，可以寻找一些能够美化画面的景物来做前景，使画面构图得到均衡，天空变得丰富，画面饱满。此外，前景也可以作为画面主体来拍摄，将日出和日落作为背景来表现。

光圈：f/3.5，曝光时间：1/125 秒，感光度：100，焦距：35mm
将青草作为前景和主体，用背景的落日和水面反光衬托画面，制造逆光效果，突出青草的形象，营造一种安静、温暖的画面氛围

利用水面的反光为日出和日落添光加彩

水面的反光可以反射天空的光线，将天空的绚丽色彩尽收怀中，为画面带来更加丰富的色彩，同时因为水的质感特征，天空和地面的景物倒影都映现其中，使得地面与天空相映成趣，生动无限。

光圈：f/9，曝光时间：1/25 秒，感光度：100，焦距：35mm
水面的反光打破了凝重的影调，明暗层次变化丰富

曝光欠一点效果更好

日出和日落时的色彩极为丰富，适当的欠曝可以将色彩还原得更加饱和、艳丽，同时可以使前景的剪影效果更加明显。

光圈：f/8，曝光时间：1/50 秒，感光度：200，焦距：35mm
利用水面的反光间接表现落日，使画面更加有趣。为了获得更加饱和和厚重的色彩效果，在曝光时有意减少 2/3 级曝光量，夕阳下的暖色调会更加突出

选择白平衡

数码相机的白平衡包含了多种模式，在拍摄日出日落时，选择不同的白平衡会带来不同的画面基调。比如选择日光白平衡时，画面会偏向黄色；选择白炽灯白平衡时，画面会偏向蓝色。对于一般摄影人而言，在拍摄时选择自动白平衡或者日光白平衡就可以达到拍摄的效果，因为偏黄的色调最能表现出夕阳或者朝阳时的氛围。

右页图。光圈：f/8，曝光时间：1/60 秒，感光度：200，焦距：75mm
设置白平衡可以制造不同的画面影调效果。在拍摄夕阳时，使用高色温的白平衡模式，如日光模式、阴影模式或者是阴天模式，可以获得暖调程度各异的画面效果，对渲染日落气氛、制造情感效果大有裨益

为太阳补个特写吧

其实，火红的太阳在画面中同样具有强的表现力。你如果有长焦镜头，完全可以暂时放弃广阔的朝霞或夕阳场面，将远在天边的太阳拉到近前来拍张特写，让火红的太阳去诉说一切。不过，太阳在接近地面时，其本身因为受地面大气的影响，也会有色彩变化，呈现出从红到黄的色彩过渡，而周边的天空也表现出从黄色到红色、从明亮到阴暗的过渡，非常具有感染力。

光圈：f/11，曝光时间：1/60 秒，感光度：100，焦距：200mm
巨大的太阳加上云霞的渲染，视觉效果非同一般。测光时按太阳的亮度曝光，并加 1–2 级的曝光补偿，可以确保画面中的云层、山脉和水面曝光正常

如何拍摄霞光

这里所讲的霞光是指日出之前和日落之后所出现的彩色光线。因为霞光色温较低，光线偏向于暖色系，在其映照下，天空和大地都仿佛穿上了彩衣，世间景物顿时变得与众不同起来。而其极富渲染力和感情色彩的光线特质也成为摄影师起早贪黑、追逐不已的理想光线。拍摄霞光，我们有如下建议：

善于运用云朵

天空的云朵对活跃画面、丰富天空有着极为重要的作用，空无一物的天空正因为有了云朵的出现，而变得灵动起来。试想一下，当天空中出现朝霞或晚霞时，如果万里无云，空空荡荡，只有霞光在天空中的色彩渐变，会是一种怎样的情景，画面是否缺少了一些有形元素的吸引和生动景物的衬托？所以，当你为了拍摄朝霞而冒着严寒从温暖的被窝里爬起来冲向外面时，一定先要看看天边是否有云层，如果有，那预示着你今天可能会得到回报。在这里也不得不说，拍摄朝霞是一项持久的战争，因为老天不可能为你来安排朝霞出现的时间，所以你只有每天前往，锲而不舍，也许某一天它会被你感动，将美丽无比的朝霞、不同凡响的云层齐聚一堂，给你一个大大的惊喜。

光圈：f/11，曝光时间：1/30 秒，感光度：100，焦距：24mm
天边的霞光给云彩镀上了丰富的色彩，使得整个画面亮丽起来

把握时机

虽然我们知道了云层对于画面表现的重要性，但是并不代表你可以把握住拍摄的时机，正所谓佳作是天时、地利、人和的产物，当美妙的景观为你展现时，你是否有能力将它们完美地捕捉下来呢？首先，你要在拍摄前做好必要的准备，比如选择好拍摄地点并架好三脚架，设定好白平衡和曝光补偿参数，将感光度设定到较低值，将光圈设定在小光圈范围内，并安装好快门线。其次，因为霞光出现的时间比较短暂，所以应该掌握霞光出现的时间段，以及它的基本变化规律，做到心中有数。霞光出现的时间一般保持在 20–30 分钟内，且随着太阳的不断升起，霞光的色彩从饱和到淡白，从红黄到蓝白，天空从暗到明，每一刻都在变化中，而晚霞与朝霞的变化过程基本相反。所以，拍摄朝霞要在太阳出来之前的 20 分钟内开始，而拍摄晚霞适合在日落后 30 分钟内完成。再次，云层是善变的、多样的，所以在拍摄时心中要平静，等待云层与霞光和地面景物处于最佳组合状态时，按下快门。

光圈：f/5.6，曝光时间：1/60 秒，感光度：200，焦距：24mm
霞光出现的时间只有几十分钟，色彩最饱和、变化最丰富的时刻是在霞光开始后的 10–20 分钟之内，过早，霞光的色彩和气势还不到高峰，过晚，霞光就会消失殆尽，没有了气氛

曝光控制

因为霞光的明暗强度变化很快，所以拍摄时要每隔几分钟重新测光一次，及时修正曝光。此外，为了霞光的色彩更加饱和、迷人，在曝光时一般会适当减少曝光。测光时选择局部测光或者点测光，并以天空或云霞为订光点确定曝光参数。而此时，地面处于逆光位置的景物因为光线照度较弱，与天空的明暗反差较大，容易呈现剪影效果，所以在选择地面景物时要注意其形状特征，选择富有趣味性和美感的景物。

光圈：f/3.5，曝光时间：1/90 秒，感光度：200，焦距：50mm
霞光的色彩和明暗变化极快，对曝光的要求极高，你需要每隔几分钟就要重新测光，修订曝光参数。为了色彩更加浓郁，可以适当地减少 1/3–1 级的曝光补偿量

选择合适的构图方式

霞光以光线和色彩而引人注目，但此时因为地面景物明度较低，所以在取景构图时，要根据不同的拍摄场景来选择合适的构图方式。当天空富有个性的云层出现时，可以将天空作为主要的表现对象，将地平线构置在画面三分之一处，使天空占据画面的大部分；当天空缺少表现因素时，可以强化地面景物特征，将地平线构置在画面三分之二处，使地面景物占据画面的大部分。

光圈：f/5.6，曝光时间：1/70 秒，感光度：100，焦距：35mm
天空的云朵在霞光的映照下非常具有层次和空间效果，在构图时有意利用云层的这一特点，强化画面的空间意境，并与地面上的古城遥相呼应，表现环境气氛和古城魅力

如何拍摄月亮

天空的月亮几乎是夜晚最主要的自然光照明，对于它，承载了人们太多的情感和故事。它的神秘感和特殊的光照特质以及气氛渲染，成为很多摄影人相机中拍摄的题材，而对于一般的摄影爱好者，拍摄一幅成功的月亮照片，也是一件非常专业和有意思的事情。那么，拍摄月亮有哪些注意事项呢？

器材选择

月亮的特殊性在于它的遥远、明亮和黑暗的夜晚环境，所以，拍摄器材也必须与之相适应才能达到拍摄效果。首先，因为拍摄月亮时的环境光线比较昏暗，所以快门速度会很低，因此一副稳定的三脚架和可靠的快门线必不可少，它可以保证你拍摄到清晰的月亮。其次，对于镜头也有不同的要求。镜头的焦距越长，可以拍摄到的月亮越大，你如果只是希望月亮在画面中起到衬托的作用，那么可以选择短焦距镜头，如果你想拍摄一轮皓月，将它作为主体来表现，那么你就需要一支长焦镜头来拉近拍摄了。再次，对于相机来说，最好是有实时取景功能，如此就可以避免眼睛接触相机带来的各种麻烦。

光圈：f/3.5，曝光时间：1/40 秒，感光度：400，焦距：65mm
使用中焦距段的镜头可以表现月色下的风光环境，而月亮也可以被放大到一定比例，不至于在画面中过小，全无形象感

曝光控制

拍摄月亮最重要的一环就是控制曝光。为了得到一轮富有细节层次的月亮，你首先需要选择点测光模式，对月亮测光。否则，在平均测光模式下，月亮会因为曝光过度而变得全无细节，苍白如纸。其次，要设定恰当的曝光参数，选择小光圈，因为过大的光圈对于曝光控制不利，一般选择 f/5.6 或者更小的光圈可以确保月亮细节的清晰。快门速度在 f/5.6 光圈下，宜设定在 1/125 秒或更快一些。理论上讲，月亮是一个动体，快门速度过慢会难以凝结月亮而致使其虚化。再次，为了获得细腻的画面效果，感光度适合选择 ISO100 或 ISO50，因为夜色下，ISO 过高极易给画面带来噪点颗粒，影响画面质量。

光圈：f/5.6，曝光时间：1/125 秒，感光度：100，焦距：85mm
按照月亮进行曝光，地面景物都显得曝光不足，却可以营造夜幕降临时的暗淡感觉

多重曝光

拍摄月亮时，一般都会遇到这一困境，即月亮与地面景物反差过大，远远超出了感光元件或者胶片的记录范围，所以两者的细节表达往往无法兼得。而此时，运用多重曝光模式就可以轻松实现。多重曝光是指在同一张底片上进行多次曝光的方法。首先将相机设置在二次曝光模式，然后选择傍晚景观正常曝光拍摄，在构图时要有意在天空为月亮留出空白的位置来，然后调整焦距对着月亮进行测光并进行第二次曝光拍摄，获得面积更大的月亮。拍摄完成后，相机会自动将两次曝光的影像合成在一张照片上。

第一次曝光参数（树木等）：光圈：f/5.6，曝光时间：1/100 秒，感光度：100，焦距：35mm
第二次曝光参数（月亮）：光圈：f/5.6，曝光时间：1/150 秒，感光度：100，焦距：100mm
第一次曝光时，在光线较充足时拍摄，获得曝光准确的画面。然后等待夜幕降临，明亮的月亮出现在天空中时，对准月亮进行第二次曝光拍摄，就可以获得如左图一样的画面效果

如何拍摄云彩

云彩变幻无常，形状多样，受环境和天气的影响较大。正因为它的这一不确定性，使得云彩的表现充满着可能和惊喜，也成为众影友喜爱的拍摄主题。 那么，拍摄云彩该注意哪些事项呢?

时间选择

质量优异的云彩一般会出现在一天的傍晚、早晨或者是风雨前后，因为早晨和傍晚的云层色彩丰富，而风雨前后的云彩会因为特殊的光线和洁净的空气而变得富有表现力。

光圈：f/5.6，曝光时间：1/100 秒，感光度：200，焦距：35mm
低空的云层正在酝酿着一场云雨，而太阳的光线依然不依不饶地要普照大地，于是在云层的薄弱之处投下光线。这个时候拍摄云层是最有视觉效果的时刻

善于观察

云彩变化多端，形状时刻在发生变化，所以拍摄云彩时，要善于发现其有趣的形状，利用其形象特征为画面带来亮点。比如出现场面壮观的云彩时，可以使用广角镜头来尽可能地表现广大的场景效果；当出现有趣的云彩时，可以通过取景构图来截取其或排列、或过渡、或拟物的生动状态。

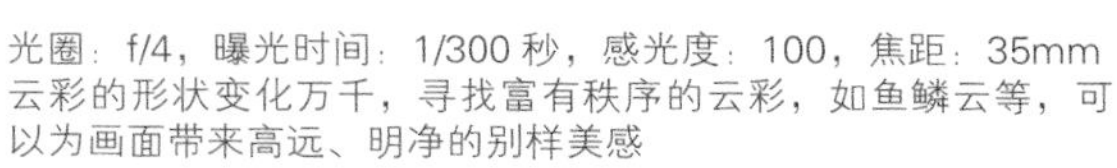

光圈：f/4，曝光时间：1/300 秒，感光度：100，焦距：35mm
云彩的形状变化万千，寻找富有秩序的云彩，如鱼鳞云等，可以为画面带来高远、明净的别样美感

曝光控制

云彩有不同的色彩差别，如白云、乌云、彩云等，在曝光时，要根据拍摄需要适当地进行曝光补偿。比如拍摄乌云时，可能会因为测光造成曝光过度，因此要适当减少曝光，将乌云的特征和色彩还原到位，并重塑乌云带来的环境气氛。在制定曝光组合时，尽量采用较高的快门速度拍摄，对于流动速度慢的云彩可用 1/125 秒，对于流动速度快的应采用 1/250 秒或者更高的快门速度，以提高其清晰度。这一点很重要，因为这对云彩的边缘和云层里透出的束光边缘是否清晰很关键。当然，如果要制造流云效果，则可以使用较低的快门速度虚化云彩，制造动感效果，使画面富有活力。

光圈：f/3.5，曝光时间：1/250 秒，感光度：100，焦距：50mm
拍摄云层要注意曝光的控制，在遇到云层变化较复杂的情况下，可以采用包围曝光法来获得准确的曝光

使用滤镜

在拍摄蓝天白云时，使用滤镜可以强化白云，突出其层次感和厚重感。比如使用偏振镜，可以过滤掉蓝天多余的反射光，使得蓝天更蓝，色彩更深，从而强化了白云与蓝天之间的对比。

光圈：f/8，曝光时间：1/200 秒，感光度：100，焦距：24mm
使用偏振镜可以使蓝天更蓝，白云更白，因为它可以过滤掉天空和云层的散射光，还原更加纯粹的天空色彩

如何拍摄花卉

花卉一直以来就是大家喜欢拍摄的题材，因为它足够美丽。那么，怎样拍摄花卉才更容易出效果呢?

利用花卉的色彩

毫无疑问，花卉拥有着自然界最为绚烂的色彩，所以充分利用花卉的色彩来表现其美丽是再合适不过了。我们可以利用花卉间不同的色彩对比来强化其一，丰富画面，也可以利用大面积不同色彩的花卉来营造宏大的花海场面。

光圈：f/3.5，曝光时间：1/400 秒，感光度：200，焦距：65mm
利用不同的花卉色彩来丰富画面层次，起到空间过渡的效果

利用小景深

在花草丛中，大的景深会把一切都清晰表现，使一切都变得混乱不堪，没有主次，此时你不妨选择一株你感兴趣的花卉，使用大光圈制造小景深，虚化它周围的景致，你会得到一幅主体清晰、突出，背景简洁、美丽的小景佳作。你还可以用小景深拍摄花丛场面，营造别样的画面意境。

右页图。光圈：f/2，曝光时间：1/200 秒，感光度：200，焦距：75mm
使用大光圈、长焦镜头制造小景深效果，虚化背景，突出花卉主体

简洁背景

拍摄花卉时，很多时候会遇到杂乱的背景使得花卉主体难以突出，此时，除了使用小景深虚化背景以外，还可以改变拍摄角度，仰视拍摄，利用干净的蓝天来突出花卉，同时花卉变得高大挺拔，别具一格。另外，你还可以自己为花卉制造背景，比如在花卉的背景上放上一块黑色的遮挡物来简洁背景。

光圈：f/3.5，曝光时间：1/126 秒，感光度：200，焦距：35mm
仰视拍摄，利用空净的天空作为背景来突出主体形象，同时带给观者不一样的视觉感受

加入动物

有时候，只有花卉的照片仿佛显得沉闷单调，此时，如果为画面中加入一些小动物，画面可能就变得生机盎然了。比如寻找正在花朵上采蜜的小蜜蜂，用高速快门将它凝固，画面便具有了另外的意境。

右页图。光圈：f/2，曝光时间：1/300 秒，感光度：200，焦距：50mm
拍摄花卉时，很容易遇到有辛勤的小动物穿梭其间，不妨也将它们纳入画面，更可以生动画面，带来春的气息

拍摄局部

花卉的局部同样具有极强的表现力。使用微距镜头夸张花卉的局部特征，带给人强烈的视觉刺激。使用微距镜头拍摄时，需要注意对焦点的位置，因为微距下景深极小，可能只有几厘米，你如果不仔细确定对焦位置，很容易出现跑焦现象。此外，微距拍摄花卉还很容易受风的影响，因为风吹花动，焦点就很难找到了，所以你最好使用三脚架，摆好姿势耐心等待，在风静花止的瞬间，快速准确地拍摄，这是需要练习的。

风的问题

我们的建议是：如果风过大，可以考虑择日拍摄，如果一定要拍，则可以选择一个临时挡风的东西放置在花卉的四周来挡风，但是需要注意的是不要把挡风的东西拍进画面中。除此之外，也可以把花茎绑在某些稳定的东西上固定它。

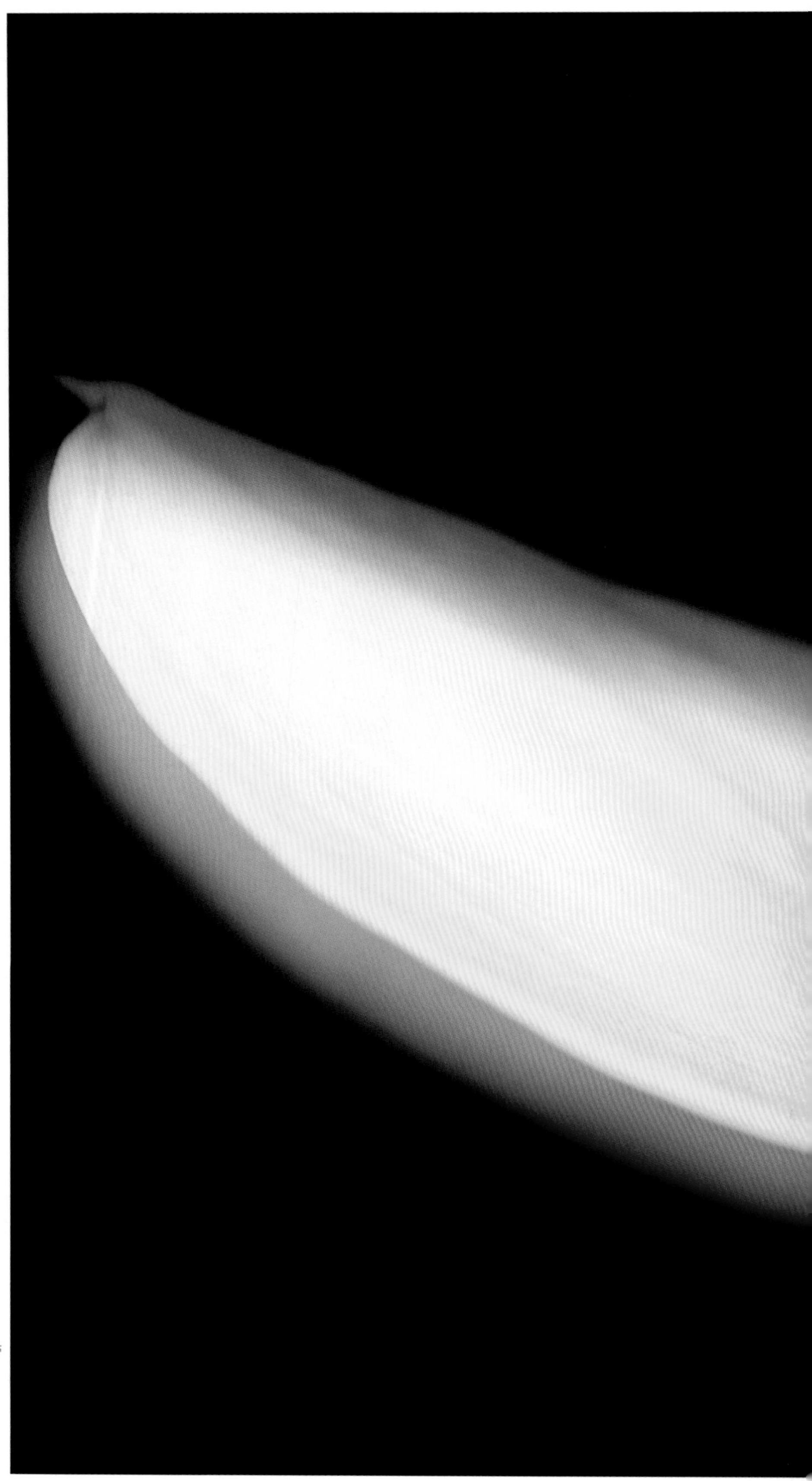

光圈：f/3.5，曝光时间：1/125秒，感光度：100，焦距：100mm
选择花卉的某一局部进行夸张表现，带来不同的视觉体验，但要注意对焦准确

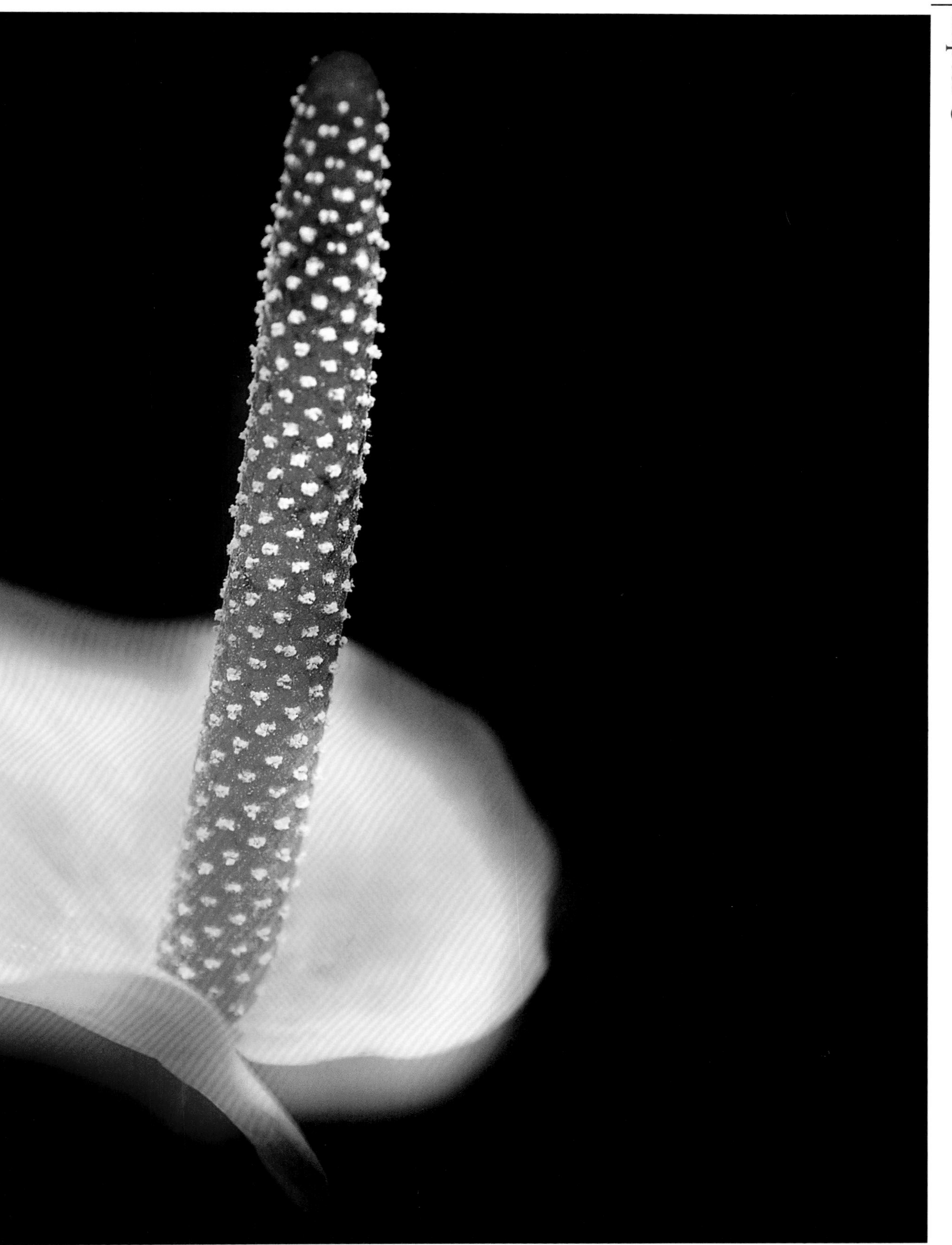

选择光线

花卉的花瓣一般具有半透明的特质，所以在选择光线时，可以使用逆光来表现花瓣的清晰脉络，营造剔透的花卉效果。此外，侧光可以为花卉带来强的质感表达，但是要注意光比反差，大的反差会破坏花卉的美感；顺光可以为花卉带来完美的色彩表现，但是要注意自己的身影是否被构置在了画面内。

光圈：f/3.5，曝光时间：1/300 秒，感光度：200，焦距：110mm
侧逆光下，花卉的外形被勾勒出来，立体效果强烈。花瓣在光线的照射下呈现半透明状态，质感鲜明

利用花卉的阴影

有时候，花卉的阴影也可以为画面带来不同的气氛，并可以强调空间立体效果。所以，拍摄时要注意观察花卉的阴影变化，你可以围绕花卉四周转上一圈，从不同的角度选择出最具趣味性的构图拍摄，相信你可以得到独具个性的花卉照片。

光圈：f/11，曝光时间：1/60 秒，感光度：100，焦距：35mm
在拍摄花卉时，利用阴影可以为画面添光加彩。比如投影，它可以制造光影效果，体现空间意境，如同水彩画

如何拍摄树木

树木就像花卉一样，是我们经常会遇到的拍摄题材，对于树木的拍摄，我们有如下建议：

四季树木

树木在不同的季节会有不同的形态和色彩变化，所以在拍摄树木时，要根据树木的生长规律和季节特征来选择拍摄的时间。比如红叶只会出现在秋天，树木此时也开始枯黄落叶，而嫩绿的叶芽只会发生在春天，突兀的树干更多的时候出现在冬季，肆无忌惮的深绿只有在夏季才会见到。

光圈：f/8，曝光时间：1/125 秒，感光度：100，焦距：45mm
秋季是树木色彩最丰富的季节，也是拍摄照片的大好时机。金黄的树叶和草地在夕阳的照射下更加迷人

光圈：f/5.6，曝光时间：1/100 秒，感光度：200，焦距：50mm
冬季的雪景照片是一定要拍的，而且也是很容易出效果的。在拍摄时要注意曝光，增加 1–2 级的曝光量可以确保雪的雪白

拍摄角度

拍摄树木适合仰视拍摄，通过透视来强化树木的高大和挺拔，如果此时加用广角镜头，树木的透视感会更加夸张。平视拍摄时，一般只能拍摄到直立的树干，此时需要对构图加以用心，可以通过变换角度，采用疏密对比来安排树木的位置，使画面富有美感和秩序。

光圈：f/3.5，曝光时间：1/300秒，感光度：200，焦距：35mm
仰视拍摄树木是最常用的一种拍摄视角，也是我们平时观看树木时的视角。仰视拍摄时采用广角镜头夸张透视效果，可以使树木看上去更加高大

光圈：f/8，曝光时间：1/100 秒，感光度：200，焦距：120mm
拍摄树木时，可以运用树干的疏密对比来控制画面节奏，加之树干的投影线条，可以得到富有节奏和韵律的画面效果

光圈：f/3.5，曝光时间：1/100 秒，感光度：200，焦距：50mm
寻求特殊的拍摄角度可以为画面带来别具一格的效果。比如运用水中的倒影，既可以强化树木的透视效果，又可以得到双重空间，新颖独特

选择光线

对于树木来讲，一般都有着凹凸不平的表面，所以其最适合侧光照明，在突出其质感的同时，也表现其沧桑的生长经历。如果树木附近有雾气出现，侧光穿过雾气可以形成千万条光线，极富感染力。在逆光下拍摄，树木容易形成剪影效果，此时一般意在突出其形状特征。顺光条件拍摄树木则不容易出现好的画面效果。

光圈：f/11，曝光时间：1/60 秒，感光度：100，焦距：35mm
侧光照明可以刻画树木的质感，使其得到良好表达。若选择晨夕光线，其小光比效果可以带来丰富的细节层次

光圈：f/3.5，曝光时间：1/300 秒，感光度：100，焦距：35mm
曲折的部分树干在逆光下呈现剪影效果，使整棵树虚虚实实、明明暗暗，相互衬托，非常具有变化美感

如何拍摄森林

森林对于我们拍摄者而言是一个大的拍摄体，但同时因为它是由一棵棵的树和其他动植物组合成的集合体，所以又为我们提供了更细化的拍摄题材。对于森林，我们都有一般意义上的认识，即四季景象的变化，而这将对我们的拍摄造成直接的影响。我们需要根据四季中森林的不同变化特征来确定拍摄主题和范围。比如拍摄雪后的森林时，因为被白雪覆盖，整个景象变成了黑白的世界，如同一幅水墨画，一种隐隐的寂寥感贯穿整个画面。此时，在曝光上就需要格外注意，如果按照相机测光系统给你的测光值曝光，白雪将会变成灰雪，画面会曝光不足，所以一般会在测光值基础上增加 1–2 级曝光补偿，确保白雪拥有准确的色调特征。

光圈：f/11，曝光时间：1/100 秒，感光度：100，焦距：35mm
在春、夏季拍摄森林，更多的是绿色调，你可以寻找一个高点俯视拍摄，表现森林的广阔规模

光圈：f/5.6，曝光时间：1/90 秒，感光度：100，焦距：75mm
在冬季拍摄时，因为雪的渲染，使得树木具有不同以往的形态，也是整个四季中最有特点的一种画面景象

右页图。光圈：f/5.6，曝光时间：1/100 秒，感光度：200，焦距：65mm
拍摄森林时，选择秋季万木色彩开始变化之时拍摄，最具有视觉效果

拍摄日出和日落前的森林

日出和日落时光线温暖、柔和，整个森林会被染上金黄色调，而且在早晨时段往往还会有晨雾出现，更能够营造森林的神秘气氛。此时，你可以寻找一个能够俯视这个森林的制高点，等待日出或日落，并使用广角镜头表现宏大的场景；你也可以深入林地，寻找有趣的主体拍摄，如果你恰巧碰上了晨雾，那么恭喜你，它可以给你的拍摄带来深度的惊喜。

光圈：f/8，曝光时间：1/100 秒，感光度：100，焦距：50mm
夕阳下的树林影子长长的，此时你不妨深入到林地，利用树干和光影效果表现你感兴趣的局部景象，也可以起到一斑窥全豹的效果

光圈：f/5.6，曝光时间：1/60 秒，感光度：100，焦距：50mm
晨雾下的树林神秘、安静，此时拍摄要选择形态特别的树木作为拍摄主体，因为晨雾下的树林比较幽暗，拍摄时树木很容易曝光不足形成剪影效果，所以树木的形状特征就成为重要的美感要素。此外，在曝光时要做适当的曝光补偿 +1 级左右

寻找兴趣点

森林太大了，有时候我们可能不知道该如何下手拍摄，不要着急，你可以试着从寻找兴趣点开始，比如形状怪异的树木、一条延伸至森林深处的蜿蜒小径、一个颇有构成感的森林局部等，都可以是你的拍摄目标。在构图时，要注重线条引导和分割画面的作用。

右页图。光圈：f/3.5，曝光时间：1/300 秒，感光度：200，焦距：35mm
形状奇特的树木在树林中不乏存在，将它们作为你的拍摄主体，并通过独特的角度表现之，会得到效果不错的画面。该幅画面有意突出了树木弯曲悠长的枝干，通过虚实对比来强化这种空间效果，突出枝干的线条特点，并引导观者视线深入画面内部，进而观察整棵树木的形象和环境特点，富有秩序

光圈：f/2，曝光时间：1/120 秒，感光度：200，焦距：35mm
逆光透射过林木，斜洒在草地上，斑斑驳驳，此时你可以寻求别样的角度来表现这种树林中的安静和祥和。比如采取与地面草丛平视的角度表现逆光下的草丛和落叶，给人们带来不同以往的视觉体验

利用蓝天

森林中的树木植被大多比较杂乱，这不利于拍摄，要寻求简洁的背景，可以采用仰视拍摄，将蓝天作为背景，同时表现树木的高大和挺拔。

光圈：f/5.6，曝光时间：1/125 秒，感光度：200，焦距：35mm
蓝天可以为复杂的枝干提供干净的背景，突出枝干的形态和线条效果，使树木的形象得以凸显

光圈：f/2，曝光时间：1/100 秒，感光度：100，焦距：35mm
在森林中到处都有阴影区，因此可以避开阳光地带，选择阴影中的景物拍摄，可确保准确曝光

控制曝光

森林中的光线忽明忽暗，树影斑驳，光比反差比较大，曝光要求较高。此时可以选择在阴影中拍摄，回避透射过来的阳光，有效降低曝光的难度，获得理想的曝光。此外，还可以通过变换拍摄角度，利用树叶和枝干等景物来遮挡直射的阳光，降低明暗反差，避免产生眩光。

光圈：f/3.5，曝光时间：1/250 秒，感光度：100，焦距：60mm
当在树林中拍摄时，若有阳光照射进来，不宜选择大场景拍摄，因为大的场景光线会更加复杂，要根据光线条件选择小的景别，可以表现其光影效果，也可以表现树木植被的质感和形态特征，降低曝光的可控难度

如何拍摄草原

草原对于拍摄来讲，并不是特别出色的风光景观，因为它的空旷和单调在一定程度上限制了拍摄的丰富性。但是，在辽阔的草原上寻找可拍摄的景观也是一件充满乐趣的事情。

光圈：f/11，曝光时间：1/200 秒，感光度：100，焦距：35mm
草原并不只有草地、羊群，还有牧民，所以，我们的拍摄对象可以更加广泛

利用河流

草原上除了草以外，还有蜿蜒的河流，寻找到草原上流淌的河流，利用河流的线条来构置画面，分割草原上的景致，使得画面具有动感和活力。此外，在草原上居住的人们一般也大都会寻河流而居，所以你可以拍摄到像蒙古包那样的居住区，表现人类与自然的和谐关系。

光圈：f/11，曝光时间：1/100 秒，感光度：100，焦距：24mm
蜿蜒的河流使得一望无际的草原不再单调，变得生动起来

利用云层

相对于草原风光的单调，天空的云层可以为画面带来一些活力，可以寻找美丽的云彩来增加场景的生动性。比如在早晨和傍晚的云霞下，枯黄的草原变得金光灿灿，一片辉煌景象。

光圈：f/5.6，曝光时间：1/125 秒，感光度：100，焦距：35mm
草原上没有树木，只有草地，所以要想丰富天空，就只有依靠云朵。因此，在草原拍摄时，要选择天空有云朵的时候拍摄，可以得到更加生动、饱满的画面

草原天气

草原上的天气变幻莫测，时而风雨大作，转瞬又是晴空万里。所以，在草原拍摄你需要备好防雨、防风沙的工具，并保护好器材。但是，对于草原来讲，越是特殊的天气越容易带来大好的风景，常常是东边乌云压境，而西边却依然阳光高照，这给拍摄带来了足够的惊喜。而更可喜的是，风雨过后一道彩虹横跨草原，你只有唏嘘惊讶地忙个不停了。

右页图。光圈：f/11，曝光时间：1/230 秒，感光度：100，焦距：24mm
一望无际的草原未免单调，为画面加入动物，如羊群、马匹等，可以为寂寥的草原带来生气和活力，吸引观者注意力

光圈：f/8，曝光时间：1/200秒，感光度：100，焦距：35mm
草原的天气可以给拍摄带来很多机会。比如这幅照片，天空一边是薄云千里，一边却是碧空阔阔，好不惊异。如此景象，自然是摄影的最佳对象

利用动物丰富画面

寻找草原上的动物，如吃草的羊群、放牧的马匹等，将它们纳入画面，可以为广阔的草原带来生机，同时也会吸引观者的注意力。

如何拍摄湖泊

湖泊是一种美丽的拍摄景观，但湖泊自身因为缺乏丰富的元素而显得单调，如果没有其他景物和元素的衬托与呼应，则很难表现出它的美丽来。所以，在拍摄湖泊时，一般都会借助其周围环境中的景物来表现，作为摄影师，要时刻注意到这一点，才能够发现湖泊与众不同的拍摄点。因为湖泊的水面具有发射光线的特质，这一点是拍摄湖泊最重要的切入点。

光圈：f/11，曝光时间：1/120 秒，感光度：100，焦距：35mm
湖水在云层、水草和远山的衬托下，流光溢彩，富有层次，充满魅力

充分利用水面倒影

我们知道，湖泊的表面如同一面镜子，会反射其周围的景物，将它们的倒影映现在湖面上。利用倒影可以表现多重的空间效果，且对称的景物为画面带来均衡效果。通常情况下，水平如镜的湖面大多出现在清晨，在太阳热力还来不及搅动空气之前。其次，在有林木遮蔽的浅水区域，湖面更不容易被风打扰。这也意味着拍摄者需要事先侦察倒影场景，并选好拍摄的地点。倒影最明显的位置是在庇荫的湖面上，所以要尽量赶在太阳光投向水面前结束拍摄。

光圈：f/5.6，曝光时间：1/200 秒，感光度：100，焦距：24mm
平静的湖面反射岸上的景物，形成上下对称的均衡效果，同时营造双重空间，极富意境

倒映在水面上的陆地大多呈现黑色，这时就要以晴朗多云的天空作为陪衬，配合宁静的水面和水中的倒影，给人一种广阔的感觉。如果在有风的天气拍摄或往水中投掷一个石子，水面就会荡漾起层层波纹，岸边景物的倒影也随之荡漾，呈现出有规律变化的效果，画面动感十足。

光圈：f/4，曝光时间：1/100 秒，感光度：100，焦距：35mm
平静的水面若没有反射物来衬托，可以运用波纹来生动画面。向平静的湖水中投掷一颗石子，圈圈的波纹增添画面趣味的同时，更显湖水的宁静

利用湖面中的水草或者船只等丰富画面

除了利用岸边和天空的倒影外，湖面上的水草和船只等也可以打破湖面的单调感，相较于岸边的倒影，更具有实体表现的效果，且空间意境更丰富。只是此时在构图上需要仔细斟酌，合理安排水草、船只等水面景物的分布关系，做到疏密有致，主体突出，层次丰富而不混乱。

光圈：f/8，曝光时间：1/125 秒，感光度：100，焦距：35mm
利用船只丰富画面，均衡构图。将船只处理成竖向，引导观者视线进入画面

合理安排地平线

湖面上的地平线不仅分割画面，而且也是湖面倒影与地面和天空景物的交接线，所以地平线在画面中过于居中会带来呆板之感，此时可以遵照黄金分割定律，安排地平线在三分之一或者三分之二左右的位置上。如果画面着重表现水面及倒影，那么可以将地平线构置在三分之二甚至更多，如果水面及倒影只是衬托地面景物，那么地平线可以构置在三分之一甚至更少的位置上。

光圈：f/5.6，曝光时间：1/90 秒，感光度：100，焦距：35mm
将地平线安排在画面上三分之一处，保留更多的水面，一是因为水面上的内容要比天空丰富和生动，二是利用水面的反射光，更可以体现湖水落日的景象和渔者晚归的意境

利用湖面水汽表现沉静、神秘的气氛

在清晨，湖面与大气的温度差，会使得湖面上弥漫着水汽，这时拍摄可以营造静谧的气氛。在太阳未出之前，将画面表现为冷色调，可以更加强化这种静谧感和清晨意境。太阳光照射湖面时，湖面上的水汽会反射阳光的色彩而变成暖色，此时的湖面又会是另一种景象，此刻也是绝佳的拍摄时刻，但这一水汽景象会随着大气温度的上升逐渐消失，所以需要把握时机，稳准狠地快速完成拍摄。

光圈：f/8，曝光时间：1/60 秒，感光度：100，焦距：35mm
湖面上的水汽使得画面更加简洁，带来神秘和朦胧的意境效果

如何拍摄水流瀑布

流水一直是吸引风光摄影师目光的拍摄景观。那穿越岩石和花木、蜿蜒流淌的溪流，那飞泻直下、水花飞溅的水瀑等，都是激发风光摄影师拍摄灵感的源泉。因为水流的运动感，可以为画面带来各种表现的可能。在拍摄水流时，我们一般会做如下处理：

光圈：f/16，曝光时间：1/30 秒，感光度：100，焦距：35mm
穿越岩石的溪流在较慢的快门速度下被虚化，幻动的效果与静止的岩石对比强烈，使画面富有趣味

利用快门速度改变水流状态

快门速度的快慢可以凝固或者虚化流水，为画面带来不同的效果。把快门速度设置在 1/2 秒至 2 秒，可以在确保水流能够呈现某种肌理的同时，又呈现一种朦胧感，看上去如“牛奶”般顺滑、轻柔。若将快门速度设置在 1/125 秒及以上，则可以将水流凝固下来，可以清晰地看见溅起的水珠和水流的状态。当然，因为水流的流速会根据地势地貌发生变化，所以理想的快门速度需要拍摄者进行多次试验才能最终确定。

光圈：f/8，曝光时间：1/120 秒，感光度：100，焦距：35mm
在较高的快门速度下，流水被凝固下来，我们清楚地看到了这一时刻下，流水的运动状态和细节，呈现出日常生活中无法看到的水流状态

右页图。光圈：f/22，曝光时间：1/4 秒，感光度：100，焦距：35mm
长时间曝光下，流动的溪水被虚化了，与岸边静止的景物形成动静对比的效果，鲜活生动

使用滤镜和三脚架

在拍摄流水时，较低的快门速度下，会因为相机的抖动而使流水周围的静态景物虚化，影响画面的清晰度，此时就需要使用三脚架来稳定相机，再配上快门线是最稳妥的办法。当我们在晴天光线充足的条件下拍摄时，如果想要虚化水流，即使将光圈开到最小，感光度降至最低，可能仍然无法获得理想的低速快门，此时就需要使用偏振镜或者中灰滤镜来减少镜头的进光量，使快门速度降至更低。

光圈：f/22，曝光时间：1/15 秒，感光度：100，焦距：35mm
要使用较低的快门速度虚化水流，为确保画面清晰，一定要使用三脚架或者其他稳定措施，确保照相机的稳定

选择局部

在拍摄溪流时，选择局部景观可以给你带来更多的趣味画面。有时凑近溪流拍摄它的一个小漩涡，或者拍摄一块被水冲刷光滑了的岩石也别有趣味。此时，要注意周围环境对水流的影响，因为水流会反射它周围景物的光线色彩，如果周围环境色彩丰富，又是个大晴天，就可以把水流拍摄得流彩、华丽，当然这限于水流不被过于虚化的情况下。

上图。光圈：f/11，曝光时间：1/60 秒，感光度：100，焦距：35mm
将观察的视角放到溪流的局部当中，发现独特的美点，然后将其记录下来，会得到截然不同的画面效果，那种流光溢彩的效果打动人心

光圈：f/11，曝光时间：1/60 秒，感光度：100，焦距：35mm
在拍摄水流时，有意选择富有美感的前景局部来衬托溪流，可以为画面增加美感

拍摄飞瀑时注意相机和人身的安全

瀑布的地势一般比较陡峭，所以除非你远距离拍摄，如果你是靠近拍摄，那么一定要注意自身和器材的安全。通常情况下，飞瀑周围都会伴随有水雾出现，它会使你睁不开眼，把相机淋湿，且脚下湿滑异常，不小心会有摔倒的危险。所以你要穿好防滑鞋，并给相机和自己做好防雨工作。

如何拍摄海岸风光

海岸风光是风光摄影师最喜欢的拍摄题材之一，因为它的美总是让人惊叹不已。这里我们将要介绍拍摄美丽的海岸风光照片的一些秘诀。

光圈：f/8，曝光时间：1/50 秒，感光度：100，焦距：35mm
侧翻的渔船被貌似以俯视的状态作为前景，背景的大海和点点渔船被朦胧、虚化，给观者以视觉悬疑，使画面极富趣味。在拍摄时，选择特殊的角度对于任何画面的表现来说都非常重要

确定拍摄时间和地点

对于海岸风光，最为诱人的时刻一般出现在早晨和傍晚时刻，虽然你也可以在白天或晚上的任何时间进行创作，但这一时间段你绝对不可以“缺席”。因为这一时间段内的光线位置较低，且光线无比华丽，伴随出现的天气现象如多彩的云层、美丽的霞光等都是形成美丽画面必不可少的因素。我们的建议是你在拍摄的前几天最好先去实地进行侦察，确定最佳的拍摄位置后再择日前往拍摄。

右页图。光圈：f/11，曝光时间：1/90 秒，感光度：100，焦距：24mm
低角度拍摄，利用沙滩上的卵石和沙纹来丰富前景，并将观者视线导引到画面深处，人物的存在均衡画面，使得点线面的构成感更加强烈

光圈：f/5.6，曝光时间：1/100 秒，感光度：100，焦距：75mm
夕阳的余晖照射在沙滩上，一波波的水纹将沙滩冲刷得平整异常，此时的沙滩光彩照人，生动异常，是拍摄的绝好时机

构图决定一切

在拍摄时，构图是否成功，会对画面的成败带来致命的影响。拍摄海岸风光时，寻找合适的前景来增加画面层次，可以为拍摄带来意想不到的效果。同时要注意环境中的线条，如海岸线、一波波的海浪等，运用线条来引导观者视线，分割画面层次。如果海岸上有人、海鸥等生命体，将其作为画面中的一个点来合理安排，更可以带来生动与活力。

运用滤镜

在拍摄海岸风光时，往往会遇到天地反差过大，不是天空惨白就是地面乌黑，无法完美记录当中的细节。此时可以使用中灰渐变滤镜来降低天地的明暗反差，将渐变滤镜的灰色区域置于天空明亮的区域来削弱其光线强度，使得曝光范围控制在可记录范围内。此外，偏振镜可以压暗蓝天，突出云朵，使得景物的色彩更加饱和。

光圈：f/8，曝光时间：1/90 秒，感光度：100，焦距：35mm
逆光下拍摄海滩，会因为天地反差过大，使得海滩一片黑暗，全无细节。此时加用中性灰渐变镜，可以调节天空的亮度，缩小天空和地面的明暗反差，得到天空和海滩都曝光正常的画面

使用三脚架保证画面清晰

在拍摄晨昏时候的海岸风光时，为了保证画面全景清晰，层次细腻，往往需要使用小光圈和较低的感光度，如 F/11 或更小的光圈来拍摄，此时的快门速度可能会较低，手持拍摄会因相机的抖动而无法清晰合焦，此时三脚架和快门线就可以实现清晰拍摄。如果你没有快门线，那么就只能开启相机的延时拍摄功能。延时拍摄功能可以将按快门提前到快门开启前的几秒钟，有效防止了手按快门时产生的震动。

光圈：f/11，曝光时间：1/25 秒，感光度：100，焦距：35mm
在清晨拍摄海滩时，会因为光线暗淡而造成快门速度过低，此时又不想通过调节感光度，损失画面质量来提高快门速度，就只能使用三脚架或者将相机置于岩石上，稳定相机拍摄，以保证画面的清晰

用快门速度控制海水的虚化状态

较慢的快门速度可以虚化运动的海水，改变其存在的状态，给人全新的虚幻效果。较高的快门速度则可以凝固海水的动态，给人以清晰效果。当然，其中的虚化程度要靠你不断地实验来获得，要想准确把握唯有多拍了。

光圈：f/11，曝光时间：30秒，感光度：200，焦距：35mm
长时间曝光下，水面被虚化成如同镜面般，没有丝毫波澜

如何拍摄山脉

对于风光摄影来说，山脉有着最为悠久的拍摄历史，甚至有人认为风光摄影是从山脉发起的。像沙漠一样，山脉因其光线而著称，包括山辉、黎明和日落时分云雾缭绕的景象等，无不吸引着风光摄影师不辞辛苦，千里找寻。对于山脉的拍摄，我们可以给出以下有效的拍摄建议：

光圈：f/11，曝光时间：1/90 秒，感光度：100，焦距：65mm
连绵的山脉，少见的景象，很容易使你只顾拍摄，忘记去经营画面和仔细构图，此时一定要记住，如何突出主体永远是第一位的

右页图。光圈：f/11，曝光时间：1/100 秒，感光度：100，焦距：45mm
夕阳的余晖照射在山顶之上，形成特有的山辉，加之云雾缭绕其上，愈加显示出山体的巍峨和高大。而巨大的山影形成的冷色调，更加突出了白色山顶的那抹金黄，这也是表现山脉的惯用手法，屡试不爽

选择拍摄时间

正如上面所说，拍摄山脉的最佳时间依然是早晨日出和日落，那一抹金黄的余晖映照在山体上时，最能体现出山脉的神圣和宏伟，再加之天空的霞光，不出佳作也难。

等待与运气

拍摄山脉佳作，不是一蹴而就之事，因为美好的风景不会单独为你而准备，这需要你时刻背上行囊，锲而不舍地前往和等待。因此，拍摄山脉需要你强壮的体魄和坚韧的毅力。除此之外，还要看你的运气。不得不说，拍摄绝佳的风光作品，很大程度上都与运气相关，在主观努力的前提下，刚刚好大自然为你准备好了一顿盛餐，一切看上去都是那么的完美，你只需抓住时机，将其收入囊中。

光圈：f/8，曝光时间：1/100 秒，感光度：100，焦距：40mm
当山脉中出现山雾时，说明你的拍摄时机已经悄然来临了，此时千万不可偷懒，美好的画面正在等你去抓取。画面中缭绕的山雾使得山脉更富灵气，神秘而有风韵，拍摄时要认真观察山雾的移动，在最佳时刻按下快门

善用前景

有时只有山脉会显得画面单调，缺乏层次，此时选择适当的前景可以丰富画面，并有效衬托主体。你可以利用水面的倒影来强调远处山脉的高大和雄伟，有时你面前的一个小水潭就可以为你带来不同凡响的画面效果。你也可以利用蜿蜒的溪流引导观者的视线深入画面，到达主体。你还可以利用面前的野花来衬托远处的山脉，营造一派春花灿烂的山野景象。但是不管选择怎样的前景，都应该保证其不会喧宾夺主，破坏主体的表现，否则就画蛇添足了。

右页图。光圈：f/11，曝光时间：1/125 秒，感光度：100，焦距：35mm
远处连绵的山脉形态和前景中的草木形态颇为相似，这也是为什么选择草木为前景的原因所在。它们一前一后遥相呼应，使得画面更富趣味性。所以前景的选择并不是任意为之，要与画面中的其他元素有彼此彰显之效，才是使用前景的初衷所在

上图。光圈：f/11，曝光时间：1/250 秒，感光度：100，焦距：14mm
横构图拍摄适合表现连绵的山脉，其横向延伸的画面感可以强化山脉的蜿蜒形态。使观者更能够感受到山脉的广袤和宏伟，如同一幅画卷般将山脉的整体形象缓缓呈现于观者面前

竖拍还是横拍

要竖拍还是横拍，没有固定的金科玉律，而是要根据拍摄的主体内容来灵活使用。当要表现山脉连绵不绝、宏大广袤时，适合使用横拍，对山脉形成的绵延曲线具有很好的延伸作用；当要表现山脉的高大和险峻时，适合使用竖拍，对表现山脉的纵深、透视感很有帮助。

光圈：f/16，曝光时间：1/125 秒，感光度：100，焦距：35mm
竖构图拍摄适合表现陡峭的山体，其竖向延伸的画面感可以强化山体的高大形态。若是远景，可以尝试将前景、中景和远景都囊括期间，使画面的空间层次更加丰富，如同一层层累加的金字塔，更显山脉的巍峨

右页图。光圈：f/5.6，曝光时间：1/100 秒，感光度：100，焦距：40mm，曝光补偿：+1 级
要想拍出雪景的洁白，需要对曝光做出适当的调节，一般情况下，都是需要增加曝光补偿的

如何拍摄冰雪

冰雪的美是每一个摄影师都抵挡不住的诱惑。但是，与其他景物相比，雪景的拍摄难度更高，因为白雪具有极高的反射特性，在阳光的照射下，它的反射光让人有些睁不开眼。所以对于大部分使用自动测光系统的摄影爱好者来说，拍雪时很难获得准确的曝光，一般画面都会偏暗，因此在雪景的拍摄中使用适当技巧非常关键。

曝光控制

正确的曝光是拍摄雪景最基本也是很关键的问题。因为雪的强反光致使 TTL 测光系统失灵，此时的补救方法是进行曝光补偿。在测得曝光量的基础上增加 1–3 级曝光量，就可以将雪拍得晶莹洁白。在平均测光下，若雪的比例在画面中占 1/3 左右，增加 1 级曝光量。若画面中雪景的比例在 1/2 以上，则应加 1.5–2 级曝光量；若全画面都是雪而且有强烈的阳光照射，应加补偿 2.5–3 级曝光量。

光圈：f/5.6，曝光时间：1/100 秒，感光度：100，焦距：40mm，曝光补偿：+1 级
拍摄雪景时，因为白雪的反光性较强，会给测光系统造成假象，造成曝光不足，画面灰暗，所以在拍摄时要增加曝光补偿 1–2 级，基本可以保证白雪的色调效果

选择晨昏光线

因为雪的强反光，在较强的光线下会有极大的光比反差，不利于细节的表现。晨昏光线位置较低，光线柔和细腻，且色彩丰富，可以表现出白雪细腻的质感层次和晶莹剔透的晶体效果。例如晨昏光下的侧光和侧逆光，最能表现雪景的明暗层次和雪粒的透明质感，影调也富有变化，即使是远景，也能产生深远的意境。

光圈：f/8，曝光时间：1/60 秒，感光度：100，焦距：50mm，曝光补偿：+2/3 级
清晨的暖色光线和天空光的冷暖对比，使得白雪更加生动。小的光比反差，能够保证感光元件较好地记录白雪的明暗细节。侧光在一定程度上突出了白雪的质感特征，使得画面富有内容，更加细腻

使用偏振镜

正因为白雪的反光特性，所以在拍摄时加用偏振镜，吸收掉白雪表面多余的反射光，使得白雪更加清晰、剔透，细节表现更加丰富。同时还可压暗蓝天，突出白云，提高色彩的饱和度。

光圈：f/16，曝光时间：1/90 秒，感光度：100，焦距：35mm，曝光补偿：+2/3 级
使用偏振镜可以过滤掉白雪的反射光，防止衍射光影响白雪的细节刻画，保证清晰、准确地呈现细节

取景

拍摄冰雪，你既可以拍摄冰雪的特写，也可以拍摄冰雪大的场景，但是场景的大小对于景深的要求却截然不同。在拍摄特写时，一般需要小景深来清晰表现冰雪晶莹的颗粒美感，所以一般会使用大光圈拍摄。而拍摄中景以外的冰雪场景时，则需要较大的景深来表现雪景的样貌和特征美感，所以一般需要较小的光圈来拍摄。拍摄时设置光圈优先模式，可以控制光圈的大小变化。

光圈：f/11，曝光时间：1/60 秒，感光度：100，焦距：24mm，曝光补偿：+1 级
使用较小的光圈制造大景深效果，广角镜头夸张了画面的两点透视，使得雪景的空间意境更加广阔。黑白对比，更是体现了雪景所具有的简洁、纯粹的画面意境

右页图。光圈：f/3.5，曝光时间：1/200 秒，感光度：100，焦距：35mm，曝光补偿：+1 级
较高的快门速度可以凝固飘飞的白雪，如同暂时性静止，别有诗意和情调

拍摄雪花飞舞的镜头

在下雪天，要获得一幅雪花飞舞的照片，应选择逆光照明或者深色背景作衬托；快门速度不宜太高，一般以 1/100 秒—1/160 秒为宜，这样可使飞舞的雪花形成一道道线条，有雪花飘落的动感。

丰富雪景层次

雪景如果没有其他色彩的景物来点缀衬托，会让人看上去有些单调和沉闷，因此可以利用挂满冰凌或铺着厚厚的积雪的青松树枝、点缀着花花绿绿的广告标牌的灯杆，或者是建筑物等作为拍摄的前景，增加画面的空间层次，使画面信息更加丰富多彩。

保护好器材

光圈：f/11，曝光时间：1/60 秒，感光度：100，焦距：30mm，曝光补偿：+1/3 级
利用草木、河流和建筑来表现雪景，使雪景富有空间层次，得到一种大自然与人类和谐共存的画面意境，别有画意

光圈：f/5.6，曝光时间：1/200 秒，感光度：100，焦距：40mm，曝光补偿：+1 级
用树木来表现雪景意境，可以制造一种童话效果，别有趣味

雪天气温很低，空气潮湿，相机的电池会因为低温而停止供电，此时要为器材做好防潮防水工作，尤其是做好防寒保暖工作。例如简单地用塑料袋包一下，在不拍摄的时候把相机放在怀里温暖一下，就可以保证它继续工作。当然，自己也要做好保暖准备，衣帽、手套这些都是必备的，必要时还要穿上雪地靴，防止地滑跌倒。

雾气在风光摄影中有着独特的表现个性，它的朦胧意境和神秘气息往往可以给画面带来别具一格的气氛，同时，

光圈：f/8，曝光时间：1/100 秒，感光度：100，焦距：35mm，曝光补偿：+1 级
天寒地冻情况下，电子相机系统很容易失去工作的能力，电池也会因为严寒而缩短供电时间。所以在不拍摄时，可以将相机放入怀中温暖，在拍摄时拿出来，可以保证相机能够持续工作

如何拍摄雾气

雾气也是最能够体现大气透视的存在。景物在雾气中由远至近，清晰度逐渐变小，颜色也从鲜艳逐渐变得暗淡，这一视觉过程正加强了我们的空间透视印象。在雾气条件下，我们该如何利用它来表现画面呢？

光圈：f/11，曝光时间：1/125 秒，感光度：100，焦距：75mm
山谷中的雾气加强了大气透视效果，空间更加悠远。苍茫雄伟的山脉和渺小的村庄，大自然和人类的对比，更显自然的神圣和人类的伟大，一切看上去和谐而自然

简化背景

我们在拍摄风光时常常会遇到背景杂乱、主体难以凸显的情况，此时可以选择雾天来拍摄，利用雾气来遮掩背景杂乱的景物，并因为雾气的存在，而使画面的空间透视感更加强烈，这一意境是在晴天下靠小景深来简化背景所达不到的。

右页图。光圈：f/11，曝光时间：1/90 秒，感光度：100，焦距：40mm，曝光补偿：+1 级
雾气简化了画面的背景，掩盖掉了小的杂物，使得画面干净、简洁，一幅素雅的雪景画面因为雾气的渲染更加空灵，大有一尘不染之情势

营造朦胧意境

雾天的光线柔和偏冷，景物的形态和色彩变得模糊和暗淡不清，此时利用雾气，将景物若隐若现、近景清晰、中景朦胧、远景模糊的意境生动表达，在体现一种空间层次感的同时，使观者对画面的景物产生阅读的好奇。

光圈：f/8，曝光时间：1/60 秒，感光度：100，焦距：65mm
清晨的雾气在太阳出来之前，受天空光的影响，整个偏向蓝色调。画面通过色温的控制，强化冷色调效果，飘渺的雾气使得村庄和树木若隐若现，更显早晨的清幽和寂静

曝光补偿

在拍摄雾景时，为了表现雾气的浅白效果，一般会在相机测光基础上增加 1-2 级的曝光量。在实际拍摄中，要根据雾的浓淡和在画面上的多少来调节曝光补偿，保证把雾拍白的基础上，层次也不会丢失。

右页图。光圈：f/11，曝光时间：1/90 秒，感光度：100，焦距：35mm，曝光补偿：+1 级
相机的测光系统是以 18% 的灰为测光依据的，所以在白雾中，测光系统给出的曝光参数会将白雾曝光成灰色。因此在拍摄雾景时，要在原先曝光的基础上进行正曝光补偿，保证拍出来的雾气是白色的

雾气留白

雾有大小浓淡之分，大雾、浓雾一般不适合于拍摄，淡雾、薄雾是我们常用的雾气，一般可用来拍摄山水、树木等场景。在拍摄构图时，雾气会为画面留有天然的空白，在延伸意境的同时，如同国画般，清灵空静。同时，雾景的基调属于高调，以白色和浅灰为主，所以要在画面中适当加入有“重量感”的深色景物来压住画面，使得画面沉稳有力。

光圈：f/5.6，曝光时间：1/100 秒，感光度：100，焦距：60mm，曝光补偿：+2/3 级
除了近景中的树木可以朦胧可见外，远处的景色都已被雾气“清理”干净了。素色的画面颇有山水画之感，因为水墨画素来喜欢用留白来表达似无还有的意境，将其用在摄影构图中，也有同样的功效

其他注意事项

拍雾景由于能见度较差，为了有足够的景深，光圈宜设置在 f/8 或 f/11，此时快门速度相对较慢，因此使用三脚架是必要的。拍摄的同时还要注意镜头上的水汽不要影响画面清晰度。此外，在拍摄中尽量不要使用长焦距镜头，因为它会增加雾的密度，影响层次的表现。要想得到不一样的雾景照片，不要局限在雾气中拍摄，你可以寻找制高点俯拍，因为有些雾气会凝聚在较低区域，例如海面、山谷、建筑物、高山之类，可以表现出如云海般的景象。

光圈：f/18，曝光时间：1/60 秒，感光度：100，焦距：50mm，曝光补偿：+1 级
拍摄雾气时，选择制高点俯视拍摄，脱离雾气的缠绕，可以拍摄到在雾气中不一样的画面效果。此时远远望去，云雾飘渺，大有“置身事外”的清净、脱俗之感

如何拍摄彩虹

对于风光摄影师来说，彩虹是大地给予自己的一份特殊礼物，因为它是那样的罕见、奇妙和美丽。对于我们，遇见彩虹已是不易，而遇见彩虹并将其完美地记录下来就更是难上加难。所以，能够拍摄到一道绝美的彩虹，成为很多风光摄影师的终身愿望。下面我们将会告诉你如何实现这一愿望。

预见彩虹

虽然彩虹那样的让人难以捉摸，但是，彩虹终究是一种天气现象，所以总有可以预见和把握的机会。只要我们寻找到彩虹最容易出现的天气条件和时刻，就能够捕捉到它。我们知道，彩虹是由阳光经过雨滴的折射和反射而散发形成的全频色谱,而这一现象会因为阳光和雨滴的角度变化而迅速消失,说白了就是一种天时地利下的巧合。而这种巧合最容易出现的天气条件是一边有丰富的水汽，一边有普照的阳光。而低空下的阳光更容易制造出彩虹，且一定要位于拍摄者身后，而彩虹一般就出现在这种顺光的方向上。

比如暴风雨过后，阳光照射大地之时，或者风吹云散后的湿草地，以及云雨中出现的区域光。所以，在那些特殊的天气条件下，一定要做好拍摄准备，耐心等待，不要轻易走开，说不定下一秒那奇异的瞬间就为你呈现。

做好拍摄准备

如果你恰巧遇到了那样的特殊天气，而自己的预见又成为现实，但却因为没有做好捕捉它的前期准备而与之失之交臂，一定是一件特别让人难受的事。之所以要做好前期的拍摄准备，是因为彩虹稍纵即逝，极难把握。所以，你需要提前做到：

（1）架好三脚架和相机，在预见彩虹会出现的地方调整好镜头，并聚焦。

（2）设定拍摄参数。彩虹的色彩和明度一般会鲜亮于背景，所以不要轻易相信测光表的测定数值，不然很容易曝光过度。我们可以对彩虹进行点测光，或者在平均曝光量上减 1–2 级曝光，确保彩虹的色彩饱和。此外，为了确保画面清晰，我们一般会选择小光圈制造大的景深效果。

（3）根据天地的反差，使用合适的中灰渐变滤镜，控制光比和层次。

拍摄时要沉着冷静

在彩虹出现时，不要因为拍摄时间短暂而手忙脚乱，一定要观察现场的光线条件，依据环境制定合适的曝光组合，并留意彩虹出现的位置和周围环境的关系，选择合适的构图。此外，为了确保获得完美的影像，你可以使用包围曝光。

右页图。光圈：f/8，曝光时间：1/60 秒，感光度：100，焦距：35mm

山脉间突来一场云雨，忽而又云飞雨止，阳光普照，此时是最有可能出现彩虹的天气。不要懈怠，尽最大可能四周看看走走，或许你就与彩虹不期而遇了，一场惊心动魄的拍摄已然上演

Chapter 6

人像摄影实战精讲

人像摄影同风光摄影一样，是人们平时拍摄最多的一个摄影门类，很多摄影人的第一张照片都是从拍人开始的。而如何拍摄好人像，也是很多摄影者迫不及待想要了解的。下面，我们将对人像摄影中的重要知识点进行阐述，帮助大家掌握拍摄好人像的相关要领，提高大家的摄影水准。

光圈：f/8，曝光时间：1/125 秒，感光度：100，焦距：50mm
简洁的背景，魅惑的光线，性感的身姿，无不透射着人像画面特有的魅力

如何轻松获得一幅成功的人像照片

对于人像摄影，要获得一张成功照片的最基本手段就是对人物的眼睛进行清晰对焦。正所谓“眼睛是心灵的窗口”，我们日常生活的经验会让我们在观看一张人像照片的时候，首先关注和寻找人物的眼睛，只有人物的眼睛清晰对焦，画面才能与读者产生更加直接的交流，使读者能够迅速地感受到画面中人物的情绪和精神状态。每一幅画面都有视觉中心点，对于人像摄影而言，请将画面的视觉中心放于人物的眼睛上。

对人物眼睛清晰对焦

不管是使用自动对焦还是手动对焦，都要确保对人物的眼睛清晰对焦。在拍摄人物特写时，画面的景深范围一般会较小，一不小心就会出现跑焦，所以对焦时要在取景器内仔细查看，确保对焦点落在眼睛上。在拍摄半身人像或者是全身人像时，为确保人物眼睛的清晰，一般会选择对人脸对焦，并运用小光圈制造较大的景深。

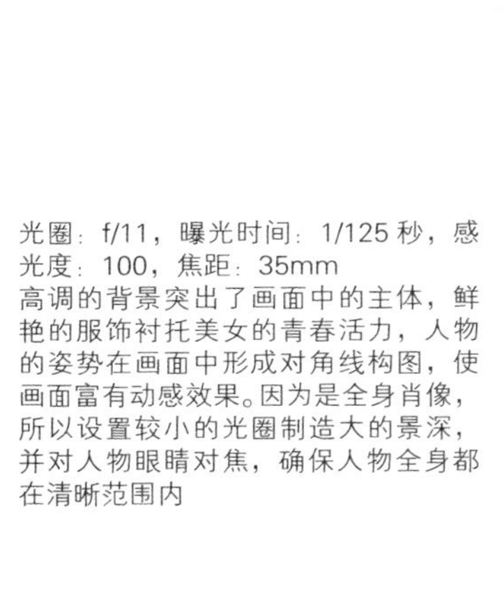

光圈：f/11，曝光时间：1/125 秒，感光度：100，焦距：35mm
高调的背景突出了画面中的主体，鲜艳的服饰衬托美女的青春活力，人物的姿势在画面中形成对角线构图，使画面富有动感效果。因为是全身肖像，所以设置较小的光圈制造大的景深，并对人物眼睛对焦，确保人物全身都在清晰范围内

对焦点置于其他位置

当焦点不在人物眼睛上时，画面能够明确表达作者的意图非常重要，如果不是拍摄者有意为之，那么很可能就会是一幅失败的人像照片了。

如何调节模特的情绪

人像摄影与其他拍摄题材的最大不同就在于拍摄对象是有感情和情绪的，画面的好坏受模特表现力的影响很大。所以，为画面表现的需要，将模特的情绪调整到合适状态是摄影师的一项重要任务。对于人像摄影师，首先要认识被摄主体，通过相互的沟通、交流和观察，找出模特身上的兴趣点和个性所在，并在接下来的拍摄中着重刻画之。

光圈：f/8，曝光时间：1/100 秒，感光度：100，焦距：40mm
拍摄之前与模特聊聊天，营造轻松愉快的氛围，减少模特与你的陌生感，才能让其在接下来的拍摄中动作更放得开，表情也更加自然

营造一种轻松的氛围

这是让模特进入拍摄状态最为有效的一种手段，从你与模特的第一次接触开始，你就需要保持一种亲近感和熟悉感。此时，你不必急着立即进入拍摄状态，可以先跟模特聊聊天，营造一种轻松、愉快的氛围，使模特尽快融入到拍摄环境之中。当模特与你不再陌生，那么就为后面的拍摄做好了准备。

光圈：f/8，曝光时间：1/60秒，感光度：100，焦距：35mm
完全融入到拍摄氛围中的模特，其自身也会被启发出创作的欲望，可以表达出更多更生动的动作和表情，为摄影师带来多多的惊喜

试拍、热身

模特的热身阶段就是他不断地放松自己和寻求表现感的过程，所以可以先给模特试拍一些照片，彼此都找一下镜头感，帮助其更快地适应新的拍摄环境。

光圈：f/3.5，曝光时间：1/100秒，感光度：100，焦距：50mm
在与模特闲聊的过程中，可以不时地为其抓拍一些肖像动作，并展示给模特看。这一过程可以让模特慢慢地调整好自己，进入到拍摄的状态。当你们已经不再生疏的时候，就可以正式拍摄了

适时地向模特展示拍摄的照片

在拍摄过程中，有漂亮的照片千万不要吝惜，一定要给模特看上一眼，这会让他们更加有表现的自信，为你摆出更加多样和大胆的表情和姿势。

光圈：f/8，曝光时间：1/125 秒，感光度：100，焦距：35mm
在拍摄过程中，可以不时地将拍摄的好照片展示给模特观看，一则其可以从中得到表达的勇气，知道自己的动作效果，二则可以活跃气氛，让拍摄变得更加激动人心

不断地鼓励他们

在拍摄中，摄影师要不断地给模特以鼓励，你可以赞赏她的漂亮和美丽，为她的一个新动作而激动不已，告诉他们表现得有多么的好，这会让模特时刻保持兴奋状态，将他们的潜能激发出来。

光圈：f/8，曝光时间：1/200 秒，感光度：100，焦距：75mm
拍摄过程中对模特不吝赞美之词，绝对可以使模特更加的 HIGH 起来，为你表现出更加具有爆发力的美姿来

要体贴入微

其实，模特在拍摄过程中是很累的，尤其是穿高跟鞋的情况下，不断地摆姿会让她们很疲惫，这时候你要把握好工作的节奏，适时地让模特休息一下，这不仅会让模特保持拍摄的活力，更能够增进你跟模特间的感情，为拍摄带来更好的氛围。

如何拍摄全身人像

拍摄全身人像时，画面中的环境成分会比较多，人物在画面中所占的比例较小，不善于表现人物的情感，一般在注重人物与环境相结合的拍摄场合下，如拍摄集体照或者旅游照中被经常使用。拍摄全身人像要注意的事项有：

全身人像适合竖构图拍摄

竖构图可以突出表现模特苗条、修长的身材和优美的姿势，且竖构图画面中的模特相较于横构图，其比例要大得多，画面中人物与环境的关系也可以得到良好的交代。

光圈：f/4，曝光时间：1/250秒，感光度：200，焦距：35mm
竖构图拍摄，人物所处的环境能得到较详细的交代，人物自然的动作瞬间被很好地抓拍下来，飘动的纱巾预示着人物年轻的心态和美好的时光，画面别有韵味

适合仰视拍摄

低角度拍摄可以突出模特高大修长的身材，加强透视感，使画面更具有视觉冲击力。

右页图。光圈：f/8，曝光时间：1/125秒，感光度：100，焦距：35mm
低角度仰视拍摄，利用简洁的天空衬托主体，红色的丝袜因为低角度的视角更富性感诱惑和视觉冲击力，很好地衬托了模特的美姿

适合拍摄环境人像

全身人像对环境的要求比较高，一个混乱不堪的环境与一个简单洁净的环境给人的视觉感受是完全不同的，所以在拍摄全身人像时，要注意环境气氛对人物的衬托和渲染，将人物的姿态、气质和服饰表现得淋漓尽致。

光圈：f/5.6，曝光时间：1/125 秒，感光度：100，焦距：75mm
拍摄全身人像时，选择简洁的背景对突出主体非常有帮助。比如绿色的草坪给人春的气息，更能够衬托少女青春活泼的气质

使用较大的景深

使用大景深可以避免因为清晰范围过小而出现的人物不清晰现象，保证拍摄的成功率。

光圈：f/8，曝光时间：1/100 秒，感光度：200，焦距：35mm
在抓拍模特的姿势时，使用小光圈制造大景深，可以保证抓拍人物的清晰度，防止因为小景深造成的模特虚糊。因为抓拍是在运动中快速完成的，所以很难保证焦点就在人物的脸部，小景深极易使模特脱离清晰区域，造成抓拍的失败

如何拍摄半身人像

半身人像是人像摄影中最为常见的表现形式。半身人像分为坐姿和站姿两种，在构图上，拍摄范围是人物小腿及其以上部位。拍摄半身人像要避免画面过于直白，更加注重模特的姿态和拍摄角度，可以充分发挥被摄对象的四肢动作来协调画面，比如抚摸头发、插入口袋、双腿交叉等。

光圈：f/3.5，曝光时间：1/125 秒，感光度 100，焦距：75mm
半身人像会将观者的视觉注意力集中在模特的姿态和面部表情上，所以拍摄半身人像要更加强调模特的姿势动作和表情神采，并在构图上强化这种姿态

注意背景中的横线和竖线

半身人像背景的线条是你构图时要时刻注意的因素，如若处理不好，会影响模特的美感表现。比如背景中的栏杆刚好位于模特的头部后方，人物头部像是被贯穿了一般，给人不好的视觉联想。

光圈：f/8，曝光时间：1/125 秒，感光度：100，焦距：50mm
在人像摄影中，背景的处理会对画面产生显著作用。比如背景中的线条，既可以破坏画面美感，也可以强化画面构图，需要拍摄者拿捏把握。通常情况下，画面中的直接线条（如栏杆、绳索等）相对面与面交接产生的线条更容易毁坏画面。在下图中，窗框形成的直接线条在一定程度上破坏了画面主体的表达，此时可以使用小景深虚化背景中的线条，弱化其对画面的影响

注意人体关节的裁切

在取景构图时，要避免画面裁切人物的肢体关节，比如膝盖、手腕、脚踝、胳膊肘等，因为若在此关节部位裁切，会让人有不完整的感觉，影响画面美感。

光圈：f/8，曝光时间：1/100 秒，感光度：100，焦距：40mm
裁切非常关键，如果是不小心裁切了人物的一些关节部位，会让人觉得画面中的人物有不健全之感，所以一定要避免在关节处裁切

双人半身人像

双人半身人像侧重于表现人物之间的关系，拍摄时要注意人物之间的距离、前后关系、姿态以及面部表情等因素。在构图时，拍摄者要有所取舍，着重强调人物之间的关系，突出人物状态。

如何拍摄面部特写

面部特写的拍摄范围是在人物胸部以上。面部特写可以细腻地表现人物的五官特征、肌肤肌理，以及人物的情绪和状态，对摄影师凝固表情瞬间和把握模特情绪有较高的要求。

注意人物的眼神刻画

在面部特写中，人物的眼神是表现的难点之一，因为眼神直接传达了模特的气质、内涵以及心理状态，所以抓住眼神就抓住了人物的神，不管是儿童天真无邪的眼神还是少女清纯可人的眼神，都需要摄影师用心去发现。

光圈：f/3.5，曝光时间：1/125 秒，感光度：100，焦距：50mm
当人在表达什么的时候，眼神看上去也像是在诉说什么，这是捕捉人物神态的最佳时机。比如孩子在认真地告诉你一件事情或者在诉说什么开心事的时候，那眼神中流露出的天真和快乐，绝对能够感染读者，此时，拍下它就是了

画面裁切

在拍摄面部特写时，要避免从模特的脖子以及额头发际线处裁切，不然会使画面显得很怪异。此外，当人物的面部五官特征很明显时，可以采用大特写，加强画面的视觉冲击力。

让模特的眼睛直视镜头

尽量让模特的眼睛直视镜头，可以让观者更好地从画面中感受模特的特点和个性。但是要注意眼睛中的眼神光，过多的眼神光会让人物显得呆板无神。

coci mcboe

注意人物面部和头发的整洁

面部特写可以突出表现人物面部的五官细节和发型发饰，所以注意对面部的妆容和头发细节进行塑造，可以让画面更精致。此外，为了使拍摄对象的肌肤更加白皙，可以设置曝光补偿，补偿曝光量范围大致为 1/3 级—1 级。

光圈：f/8，曝光时间：1/125 秒，感光度：100，焦距：50mm
拍摄人物特写时，要注意观察人物的面部特点，寻找最有特点和美感的角度进行表现，不要忘了，任何人都有自己最美的一个角度，就等你去发现它

左页图。光圈：f/8，曝光时间：1/125 秒，感光度：100，焦距：50mm
模特直视镜头的眼睛可以使观者与其产生眼神交流，直接抓住观者的注意力，是突出画面重点的有效手段

注意眼睛中的眼神光，过多的眼神光会让人物显得呆板无神

如何拍摄正面人像和侧面人像

正面人像可以充分展现人物的五官、身材和服饰特点，直接表达人物的情感，是人们最关注的一面，也是最有看点的一面，所以正面人像被广泛地拍摄。不过需要注意的是，正面人像的立体感稍差，拍摄时可以通过灯光的运用来强化，也可以通过人物的动作、背景的运用来增加画面的立体感，使画面层次更丰富。

光圈：f/8，曝光时间：1/125秒，感光度：100，焦距：35mm
拍摄正面全身人像适合低角度仰视拍摄，适当的透视夸张可以将女性的身材表现得更加修长、性感

侧面人像可以有多种侧面，如半侧面、3/4 侧面、全侧面等，在拍摄女性人像照片时，3/4 侧面可以让被摄对象的脸部显得更瘦，而在男性人像中，3/4 侧面可以更好地表现模特的脸部轮廓，是我们最常用的一种侧面角度。全侧面拍摄对模特的五官要求较高，一般情况下，要求五官立体感强，侧面线条优美。

光圈：f/8，曝光时间：1/125 秒，感光度：100，焦距：75mm
拍摄模特的侧面，可以表现其立体感和质感，遮盖模特的一些脸型缺陷。采用直射光拍摄女模的侧面，会带来一些阳刚和硬朗之美，这需要根据模特的特质来选择

如何选择拍摄角度

拍摄角度对模特的形象塑造有着重要的影响，它不仅是我们表现画面感的有力手段，也是塑造模特的强力武器。那么，不同的拍摄角度会给我们的画面带来什么效果呢？

高角度俯拍人物

高角度俯拍时，人物的头部会显得稍大，而远离相机的身体则会显得较小，给人较强的亲和力，适合拍摄美女人像。但是，当镜头的焦距越短，相机距离拍摄对象越近时，这种透视效果就会越明显，所以要控制好人物的比例关系，过于夸大只会适得其反。

平视拍摄人物

平视拍摄的画面是最接近我们视觉习惯的画面效果，可以带来更加真实和亲切的画面感。这种角度不会给主体带来太大的变形，人物看起来真实、自然，所以多用来拍摄证件照片。但其不足之处在于画面的新鲜感和视觉冲击力不够强。

光圈：f/5.6，曝光时间：1/125 秒，感光度：100，焦距：35mm
俯拍人物要控制好透视关系，适当的透视变化可以表现出女性的柔美和楚楚动人之态。若在逆光下拍摄，需要对人物进行适当的暗部补光

光圈：f/4，曝光时间：1/90 秒，感光度：100，焦距：50mm
平视拍摄的视觉效果是我们最习惯的角度，所以画面感会更加平易近人，是人像摄影中经常使用的角度之一

低角度仰拍人物

仰拍会形成近大远小的透视变形，靠近相机的人物下半身会显得较长，而远离相机的上半身则显得有些短，使人物的身材更加修长，适合来表现美女的长腿和身材。当拍摄场景比较杂乱时，此方法可以使得背景更加简洁，突出主体。但是仰视拍摄不适合于脸型较圆和脖子较粗的拍摄对象。

右页图。光圈：f/8，曝光时间：1/125 秒，感光度：100，焦距：50mm
低角度仰视拍摄可以将美女的身材表现得更加修长，在人像拍摄中使用最为频繁

如何拍摄逆光人像

逆光是很多人像摄影师喜欢的一种光线，这种光线下的人物发丝会更明显、漂亮，身体的边缘线会被勾勒出来，如果是一位美丽的女性，她那优美的曲线无疑会被得到完美的表现，整个人物会变得更加立体，且与背景有效分离，能够增加画面的空间感。不过，逆光是相机迎着光线拍摄的，所以我们需要注意以下问题：

关于眩光

逆光拍摄人像最容易出现的就是眩光现象，如果处理不好，会给画面带来损害。消除眩光的最直接方法就是调整拍摄角度，加用遮光罩，如果仍然无法消除，则可以将手掌或其他不透明的硬件物体置于镜头上方来遮挡进入镜头的直射光线，这样一般就可以将眩光消除掉。不过，有些人像摄影师却喜欢利用眩光来营造画面气氛，表现别样的艺术效果。在画面的营造上，我们需要控制人物的位置、眩光的大小，以及曝光量的多少，前提是不影响画面主体人物的形象表达。

光圈：f/8，曝光时间：1/100 秒，感光度：100，焦距：35mm
眩光虽然会影响画面的清晰度，但是却可以带来更加强烈的光线感，在构图时将拍摄主体与眩光的位置摆放妥当，就可以起到很好的修饰效果

补光

逆光拍摄的画面光比反差会比较大，如果使用相机的自动平均测光功能，很容易出现人物曝光不足或者背景曝光过度的情况，此时一般要使用点测光或者是局部测光功能，对背景进行测光，并对人物进行补光，如此可以确保画面细节和层次的丰富性。补光时可以使用反光板或者是借助其他具有反光特性的物体来达到补光的效果。

光圈：f/11，曝光时间：1/90 秒，感光度：200，焦距：50mm
逆光可以勾勒出人物的轮廓，与背景相分离，强化空间感。但是要对暗部进行补光，否则主体很容易形成剪影

选择逆光的时间

在室外拍摄逆光人像时，一般选择光比反差不大、色彩丰富的早晨或者傍晚进行拍摄，因为这个时候的光线色温较低，金黄色的光线可以为画面带来一份特有的静谧、祥和氛围。在室内拍摄时，可以使用窗户光或者是人工光来营造逆光效果，可控余地比较大。

光圈：f/5.6，曝光时间：1/100 秒，感光度：100，焦距：35mm

利用晨昏光线作为逆光，可以得到温暖的画面色彩，衬托主体形象。对人物暗部进行补光，使其细节得到丰富呈现

剪影效果

如果你需要拍摄剪影效果，而不需要对人物进行补光，那么我们建议你最好选择侧逆光来拍摄，相对于前侧光，侧逆光可以让人物的剪影有些许立体感，不会过于平淡。

光圈：f/3.5，曝光时间：1/100 秒，感光度：200，焦距：35mm

利用建筑外的明亮光线制造逆光效果，并对亮部测光曝光，建筑内的景物因为大的光比反差而变成剪影效果，在明亮背景的衬托下，主体形象生动突出

如何拍摄顺光人像

顺光下的人像因为光线的性质而显得有些平淡，所以在拍摄时，有经验的摄影师会懂得有效避免这种画面特征。比如运用色彩的变化和对比来弱化光线带来的平面感，强化视觉的丰富性，同时可以强调模特的姿态，突出形体表达，带来活跃的气氛。顺光下拍摄需要注意以下问题：

（1）模特面对光线时，在带来清晰明亮的面部效果的同时，强烈的顺光还会刺激人物的眼睛，使其睁不开，而且面部也容易出现扭曲和皱纹，给模特的形象美感带来损害。所以在拍摄时选择较弱的光线，或者是变换模特的姿态，让其眼睛直视他处，或者让模特用手、包等遮挡物来遮挡强光，使眼睛避免直射光的照射，可以有效避免这种问题的出现。

（2）顺光下拍摄时尤其要注意自己的身影是否被构进了画面。此外，可以让模特做出大的姿态动作或者调节头部的位置来强化光影效果，塑造立体感。为表达丰富的画面感，可以利用背景的明暗变化来衬托人物的影调层次，比如亮衬暗或者暗衬亮。

光圈：f/5.6，曝光时间：1/125 秒，感光度：100，焦距：60mm
在模特面对直射光拍摄时，模特会因为强光的刺激，眼睛睁不开，面容不舒展。此时可以调节其姿态，或者用遮挡物遮挡光线，避免与直射光的交接

如何拍摄侧光人像

侧光下的人像质感表达到位，立体感效果强烈，是摄影中最常用的一种人像光线。侧光有多种，大体分为前侧光、侧光、侧逆光等，不同的侧光有不同的表现效果。45° 前侧光是侧光中最为常用的一种光线，它的光影效果表现比较均衡，脸部亮面要大于暗面，形成的层次更丰富，影调更柔和，一般概念上的侧光，主要是指前侧光。90° 侧光会在人物脸部形成明暗对等的“阴阳脸”，所以要在暗部增加一些辅助光，缩小光比。侧逆光可以制造经典的伦勃朗光，制造低调的画面效果，营造神秘气氛。侧光下拍摄要注意的问题是：

光圈：f/8，曝光时间：1/200 秒，感光度：100，焦距：75mm
前侧光照明下，人物的五官表现立体，侧逆光的运用，勾勒身体轮廓，将人物从黑暗的背景中分离出来，主体突出

光圈：f/5.6，曝光时间：1/150 秒，感光度：100，焦距：45mm
利用小光比的黄昏光线拍摄模特，在很多时候不需要再对暗部进行补光

（1）使用点测光或者局部测光对人物亮部进行测光，订光后对暗部进行适当补光。

（2）侧光照明一般光比较大，不容易表现暗部细节，所以通常要为暗部进行补光，补光的多少要视画面效果而定，这需要摄影师来整体把握。

（3）侧光可以塑造被摄体的五官，掩盖其不足之处，比如斑点、脸型等，可以通过明暗影调的变化来进行塑造，美化模特。

光圈：f/4，曝光时间：1/300 秒，感光度：100，焦距：70mm
前侧光将人物的面部塑造得更加立体，脸型更加修长

（4）在人像摄影中，正侧光多用于男性人像的拍摄。因为“有棱有角”的阴影有利于表现男人的阳刚之气，而不利于表现女性圆润柔软的线条。

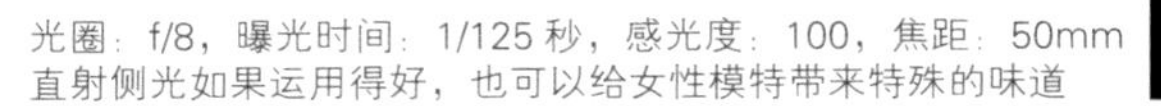

光圈：f/8，曝光时间：1/125 秒，感光度：100，焦距：50mm
直射侧光如果运用得好，也可以给女性模特带来特殊的味道

如何拍摄顶光人像

在室外，顶光一般出现在中午时光，当我们在顶光下拍摄人像时，直射的光线会毫无遮挡地从正上方投射下来，打在模特的脸上。由于正午的光线是一天中最强的，所以光线会在模特的眼部下方形成两块非常难看的倒三角形阴影，而且在模特的头发上会形成一圈很明亮的光圈。如果模特的颧骨比较突出，还会在模特的颧骨处形成一条非常明显的分界线，导致整个模特脸上的光线分布不均匀，十分影响画面美感。所以顶光不是大家最常用的光线。顶光下拍摄我们需要注意以下问题：

对暗部补光

通过反光板反射的光线来弥补模特脸上的阴影部分。使用方法是迎着光线向模特脸部反光，反光的强弱可以通过调节反光板的距离和颜色来进行控制。

光圈：f/4，曝光时间：1/300 秒，感光度：100，焦距：65mm
在光线较强烈的室外拍摄时，要对人物的暗部进行补光

柔化顶光

强烈的顶光会制造出强烈的阴影，所以在拍摄时可以适当柔化顶光。如果是在室内拍摄，你可以在灯光上加用柔化光线的装置，如柔光箱、纱巾、薄纸等半透明物，如果是在室外拍摄，则可以选择薄云遮日的天气或者是树影中拍摄。

光圈：f/4.5，曝光时间：1/500 秒，感光度：200，焦距：35mm
在中午强光下拍摄时，可以使用半透明的遮阳帽来柔化直射光，使人物的面部得到良好的表现

如何拍摄背景简洁的人像

简洁的背景可以突出主体人物，在实际拍摄中，尤其是在室外环境中拍摄时，背景很难根据我们自己的意愿进行更换，所以如何做到简洁背景，就显得颇为重要。要简洁背景，我们可以做到：

大光圈虚化背景

背景过于杂乱时，可以使用大光圈来制造小景深，通过虚化背景、清晰主体来弱化背景的干扰，突出主体。

光圈：f/3，曝光时间：1/350 秒，感光度：100，焦距：50mm
大光圈制造的小景深效果，对于突出主体、美化画面具有显著的功效，也是时下非常流行的一种拍摄手段

使用长焦镜头，压缩空间，减小景深

长焦镜头，如佳能 EF 70–200mm f/2.8L IS II USM 镜头，可以将模特与背景的空间进行压缩，使得背景更加虚幻，主体更加突出。

右页图。光圈：f/5.6，曝光时间：1/300 秒，感光度：100，焦距：200mm
使用长焦镜头拍摄，虚幻背景，小景深突出主体。适当过度曝光，制造一种小清新的画面感觉

变化拍摄角度

可以采用俯视拍摄，利用简单的地面，或者仰视拍摄，利用湛蓝的天空来改变背景的景物，实现简化背景的目的。此外，你也可以让模特调节一下位置，或者你先围绕模特走上一圈，寻找到合适的背景。

光圈：f/5.6，曝光时间：1/175 秒，感光度：100，焦距：35mm
改变拍摄角度，俯视拍摄模特，用地表的特殊纹理来衬托模特，增强画面的艺术表现力

如何抓拍人像表情和动作

一幅生动的人像摄影作品，最为显著的特征就是人物表情的刻画和动作的表达到位。所以，你对拍摄主体的情绪把握以及是否能够准确地进行凝固、表达，就成为一种考验。不过，这也并不意味着成功抓拍有多么的难以捕捉，你可以从以下几个方面进行试验：

仔细观察人物的表情和动作变化

被摄主体的表情往往转瞬即逝，美好的动作也往往很难复制，这需要你在拍摄时时刻注意模特的表情变化，并运用娴熟的技术将其抓拍下来。在日常的生活中，也要锻炼自己的这种观察能力，多进行抓拍练习。

光圈：f/3，曝光时间：1/125 秒，感光度：100，焦距：85mm
注意观察模特的一举一动，并预测其动作和表情变化，为抓拍做好准备

设置连拍

最能够保证抓拍成功的技术支持就是数码单反相机的连拍功能，连拍模式下，模特的表情和动作被一连串地拍摄下来，其间总有一张是最好的。

右页图。光圈：f/3.5，曝光时间：1/100 秒，感光度：100，焦距：75mm
在抓拍动态画面时，将相机设置成连拍模式，可以保证画面动态的完美呈现，提高抓拍的成功率

适当偷拍

偷拍状态下，人物不被摄影师所打扰，不管是表情还是动作都是最自然和放松的，最能够拍摄到原汁原味的生活人像照。这需要你眼疾手快，如果被对象发现了，可能会带来不必要的麻烦。当然，这一切都是在尊重对象的肖像权和隐私权的前提下进行的。

光圈：f/5.6，曝光时间：1/125秒，感光度：100，焦距：80mm
使用长焦镜头在远处抓拍人物的动作和表情，可以得到自然、生动的画面形象，避免模特因为面对镜头而产生的有意摆姿和紧张感

设置较高的快门速度

对于抓拍来讲，较高的快门速度是清晰抓拍的关键，因为抓拍往往是在瞬间完成的，有时甚至是在运动之中，难以避免相机抖动的发生，过低的快门速度会使运动中的主体虚化，较难得到清晰的影像。

光圈：f/3.5，曝光时间：1/200秒，感光度：100，焦距：75mm
使用较高的快门速度可以凝固下运动中的人物，防止因为相机抖动或者运动而造成的画面和主体模糊

Chapter 7 建筑摄影实战精讲

建筑在我们的生活中占据着重要的地位，也是我们喜闻乐见的拍摄对象，如何拍摄建筑成为很多影友们关注的话题，这一章节将向影友们着重介绍建筑的拍摄要点，帮助大家提高拍摄的能力，创作出更多的优秀作品。

光圈：f/5.6，曝光时间：1/20秒，感光度：100，焦距：35mm
建筑是人类智慧的结晶，也是摄影人喜爱的拍摄对象

仰视拍摄表现建筑物的高大雄伟

当我们观看建筑物时，一般情况下都会仰视它，因为它们都太高大了。同样，当我们拿起相机拍摄它们的时候，我们就可以用仰视拍摄的方法来放大这种距离感，利用透视来强化它的高大和雄伟。同时，相对于中长焦段的镜头，广角镜头带来的夸张效果更能够强化这种透视感，带来强烈的线条透视感和视觉冲击力。

光圈：f/3.5，曝光时间：1/40 秒，感光度：200，焦距：35mm
横构图紧靠建筑拍摄，可以将建筑拍摄得更加宽大，加用小广角镜头，建筑的透视效果被夸张，显得更加高大、挺拔

光圈：f/5.6，曝光时间：1/20 秒，感光度：100，焦距：55mm
采用横构图方式，在相对远距离上使用中长焦拍摄，建筑的还原性会比较真实，不会有过大的透视夸张效果

平视拍摄表现建筑物的亲近随和

平视是我们最随和的视角，平视拍摄建筑，可以给人亲近感和安全感。在平视拍摄建筑时，要特别注意建筑上面的水平线和垂直线，很多摄影师在拍摄时因为疏忽对这些线条的处理，使得建筑物不够稳重，画面感粗糙。所以，水平拍摄时尽量做到横平竖直，稳稳当当，才能够把建筑表现好。

光圈：f/5.6，曝光时间：1/300 秒，感光度：100，焦距：45mm
平视的角度预示着平等、亲近和随和，所以平视下的景物既没有仰视的压迫感，也没有俯视的优越感，是一种亲近的态度

左页图。光圈：f/2，曝光时间：1/20 秒，感光度：800，焦距：35mm
采用竖构图方式，在相对远距离上拍摄，建筑的还原性会比较真实，不会有过大的透视夸张效果

俯视拍摄表现建筑物的壮阔和形状

俯视拍摄建筑时，可以给人以新鲜的视角感觉，呈现出平时不容易看到的建筑景观。俯视拍摄最能够表现建筑的壮阔场面和形状，当你拍摄层层叠叠的建筑物时，俯视可以带给你强烈的画面构成感，并能够很好地表现建筑群的气势。此外，俯视拍摄更能够表现不同建筑物的形态和高低变化，配合不同的光线效果，可以营造出效果各异的建筑景观。俯视拍摄建筑物一般适用广角镜头或者是长焦镜头，广角镜头可以表现更宽阔的场景空间，长焦镜头则可以给摄影师截取建筑物局部的机会。

光圈：f/8，曝光时间：1/125 秒，感光度：100，焦距：35mm
因为俯视的缘故，建筑平常不为人常见的顶部面貌被呈现出来，带来新鲜的感受。小广角的运用使得建筑物的场景更加广阔，鳞次栉比，形状的重复使得画面颇有节奏美感

光圈：f/8，曝光时间：1/250 秒，感光度：100，焦距：35mm
要拍摄建筑，不一定要限制于一座，也不一定要站在它的脚下，其实去找一个高处（某个城市的高海拔坐标顶部）俯视整个建筑群，会带来完全不一样的视觉体验和画面效果。如果此时的天空足够晴朗，又流云朵朵，那你就太被宠爱了

利用晨昏光为建筑物增光添彩

光线对建筑物的外貌和基调有着强大的塑造作用，不同的光线可以为建筑带来截然不同的景观效果。晨昏光因为光线柔和，位置较低，色温偏暖，所以不会带来大的光比反差，而且建筑物的影子会很长，温暖的阳光会给建筑表面镀上一层金黄色，极富渲染力，可以营造安静、祥和的画面意境，也是制造剪影效果的最佳光线。

右图。光圈：f/11，曝光时间：1/125 秒，感光度：100，焦距：24mm
傍晚金黄色的光线在近似剪影的前景衬托下，散发着浓重的感情色彩，被镀上金色的台阶与远处的建筑遥相呼应，预示着行动的目标，是一幅会说话的画面

光圈：f/5.6，曝光时间：1/225 秒，感光度：100，焦距：24mm
夕阳斜照，木屋的墙壁、绿草地都被金色的光线覆盖，在蓝色天空的衬托下，温暖的居舍让人流连忘返

利用逆光表现建筑物的剪影效果

在逆光下拍摄建筑，可以制造剪影效果来突出建筑物的形状特征，表达一种被简约化了的形式美感。在所有的逆光中，晨昏光线是最佳选择，因为它出现的特殊时刻正是一天中忙碌的开始和结束，加上天空的温暖色彩，有时可能还会有霞光，会给整个画面带来强烈的感情渲染。此时表现建筑的剪影效果，可以给人带来温暖感和平和感。只是在测光时要按照亮部测光，有时为了深化剪影效果，会在原先曝光的基础上减少 1/3 级—1 级的曝光量，同时也可以使色彩更加浓重和饱和。

利用柔光表现建筑物的形状和色彩

当我们眼前的建筑物形状非常吸引人或者色彩独特时，我们可以选择在阴天、多云天气或者是日出前和日落后来拍摄，因为那时的天空光，也就是柔光可以将建筑物的质地和色彩进行细致的刻画，建筑物的形状和色彩不会因为直射光产生的强烈阴影和反光而受到干扰，可以被得到更好的表现。此外，你还可以运用仰视拍摄或者远距离拍摄，将天空和白云也纳入到画面中，营造别样的画面气氛。

光圈：f/5.6，曝光时间：1/50秒，感光度：100，焦距：24mm
夕阳西下，天空呈现出美妙无比的色彩变化，非常奇幻。这样多彩的天空下，建筑也被染上了柔和的色彩，在天空的衬托下，形态清晰，色彩动人。此时利用天空光拍摄建筑，更可以表现出一种色彩的流动感以及由此而让人联想到的时光易逝，黑夜即将来临的交替感受

左页图。光圈：f/16，曝光时间：1/100秒，感光度：100，焦距：24mm
傍晚光线的暖色调很好地渲染了画面，逆光下的石狮威风凛凛，富有形式美感，带来一种历史的沧桑感和时光的雕琢感。曝光补偿减少1/3级曝光量，使得画面的色彩更加浓重

光圈：f/3.5，曝光时间：1/250秒，感光度：100，焦距：110mm
阴影下的建筑受柔光的描画，形态突出，细节毕现，色彩柔和，层次丰富，一副高雅之态

利用混合光表现建筑物的华丽

这里所指的混合光照明是指自然光和人工光共同作用下的光线。使用混合光拍摄建筑，可以通过运用不同色温的光线色彩来营造画面效果。其最佳拍摄时间是在日落之后，华灯初上之时，你可以参考路灯亮起的时间来提示自己最佳时间的到来。因为这时天空光照度还不是很暗淡，而且色彩也最为丰富，亮起的灯光不仅为建筑补充了照明，而且也带来了不同的光照色彩，使得整个画面层次丰富，空间通透，色彩华丽。曝光时一般要按照天空光测光拍摄，当夜色逐渐降临，天空光消失殆尽时，拍摄基本就可以结束了。

右图。光圈：f/3.5，曝光时间：1/125 秒，感光度：400，焦距：35mm
暖色调的脚光与偏冷色的天空光形成冷暖对比，使得建筑的色彩富有了变化，充满节奏。同时，灯光从底部对建筑进行了补光，与天空光形成较小的明暗反差，建筑的细节表现丰富，层次分明

光圈：f/8，曝光时间：1/15 秒，感光度：100，焦距：35mm
采用竖构图方式，在相对远距离上使用中长焦拍摄，建筑的还原性会比较真实，不会有过大的透视夸张效果

利用直射光表现建筑物的立体轮廓和质感

直射光相对于柔光来讲，它更善于表现建筑的立体轮廓和质感。因为直射光可以形成阴影，明暗对比下，立体效果会被凸显出来，且建筑表面凹凸不平的质感纹理，也会因为直射光带来的阴影而变得更加粗糙和突出。尤其是当直射光以侧光的形式照射时，这种效果会更加明显。

光圈：f/11，曝光时间：1/125 秒，感光度：100，焦距：24mm
傍晚金黄色的直射光线很好地表现了建筑物的色彩和形态

光圈：f/8，曝光时间：1/125秒，感光度：200，焦距：24mm
直射的太阳光从侧面照射着小木屋，明暗分明，立体感强烈，质感鲜明。且因为是傍晚阳光，木屋暗部在散射的天空光的补充照明下，与亮部的反差不是很大，也具有了细节和层次

利用对比表现建筑物的大小

没有对比就不会有判断，当大的物体没有小的东西衬托时，你不会知道它到底会有多大。所以在拍摄建筑时，使用对比手法，在画面中有意安排这种大小对比的存在，可以使建筑表现得更加形象、生动。因为建筑一般很少是孤立的，很多建筑设计师在规划时就已经运用了这一对比关系，在主建筑四周簇拥一批小建筑，所以你只需要将它们纳入画面中即可。当然，另一种方法就是在画面中放入人们熟悉的景物来提示这种大小的尺度，例如人、车等，这会给人以直接的参考。

寻找建筑物的有趣细节

你可能已经拍摄了足够多的建筑，但是你回过头来却忽然发现，它们基本上都是完整的建筑体，而饶有趣味的建筑内部景观却少有拍摄，这不能不说是一件遗憾的事情，因为很多事情光从整体上是看不出什么趣味的，你需要深入到它的内部细节当中。所以，你不妨靠近建筑，或者进入到它的内部去，去发现更有趣的拍摄对象，这会给你带来好运，而你拍摄的景物也会更丰满和立体起来。

光圈：f/3.5，曝光时间：1/250 秒，感光度：200，焦距：50mm
不要只是盯着整个建筑拍，试着将视角投入到建筑的内部，在其中寻找富有趣味性的细节和构图，可拍出不一样的建筑画面来

左页图。光圈：f/3.5，曝光时间：1/150 秒，感光度：200，焦距：35mm
将细小的枝叶与高大的楼体在画面中并置，利用大小对比来强化楼体的高大和树叶的细小，构思独特。同时对焦点有意对焦于枝叶，使得远处的建筑物被虚化，强化出一种空间感，富有趣味。而远处的楼体因为虚化，在干净的天空衬托下，整体形象更加突出，线条的汇聚也在一定程度上增强了建筑的高大感受

利用建筑物的图案抽象画面

很多建筑物都是设计师的杰作，那里包含了设计师的设计理念和智慧美感，包括内在的结构和各种图案纹理等，这一切都可以是你表现建筑的重要元素，你要善加利用。你可以用这些框架结构和不同的空间图案来构置画面，在画面中形成一些有趣的构成效果，你也可以组合图案来表现一种抽象的画面意境。总之，在建筑物中你可以寻找到很多的拍摄灵感，只要你去用心观察。

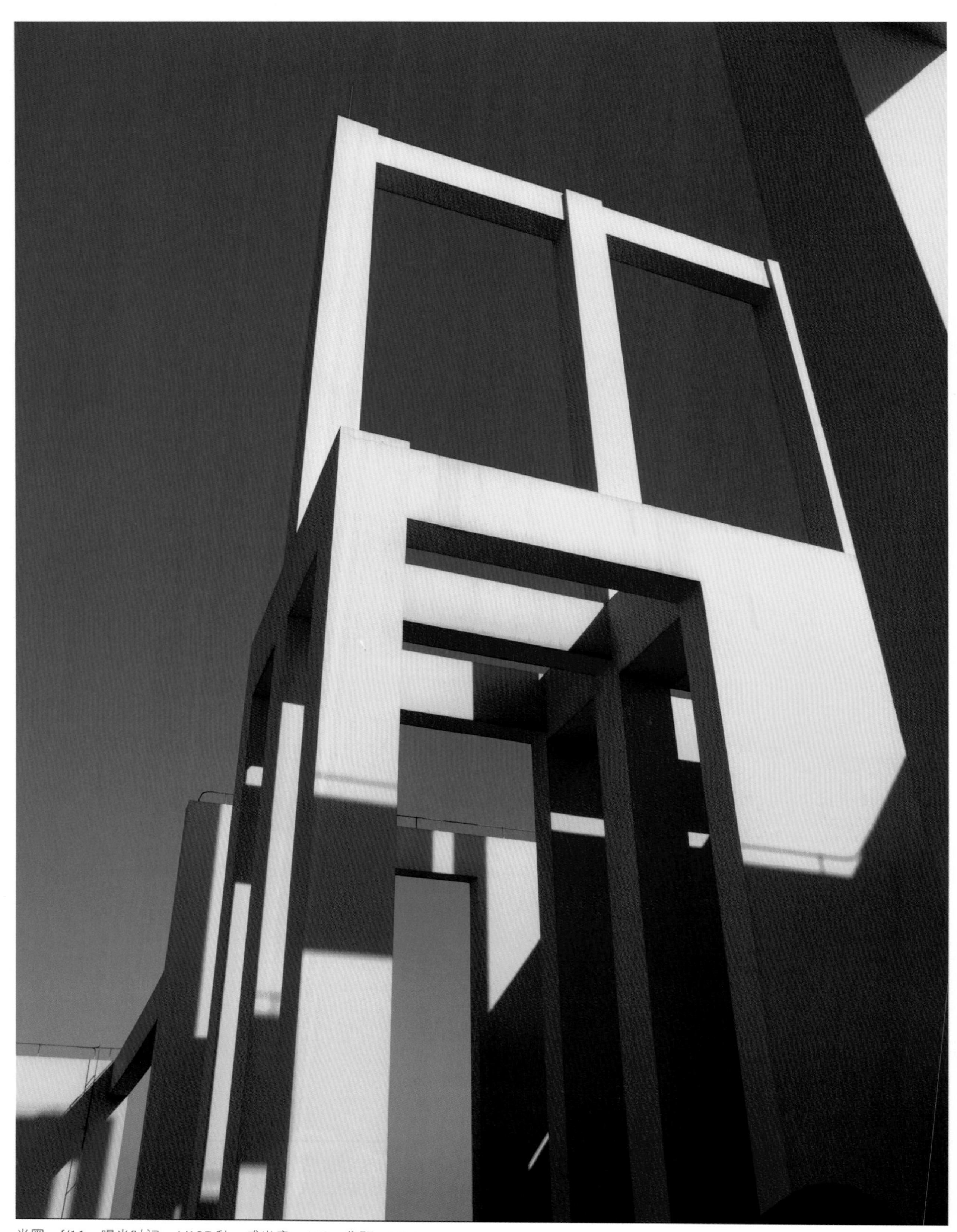

光圈：f/11，曝光时间：1/125 秒，感光度：100，焦距：35mm

很多建筑本身的设计感就很强烈，你可以寻找一些结构独特的局部和细节来构图，强化这种构成感和设计感。这幅画面就是发现了建筑的一种四边形的有趣结构，通过选择合适的角度和干净的蓝色天空，呈现出一种鲜明的画面构成感，形式简洁，抽象、有趣

利用反射寻找创作的激情

光圈：f/8，曝光时间：1/60秒，感光度：200，焦距：35mm
善用玻璃的反光，可以表现光影陆离的画面感，尤其是现代建筑大多是玻璃钢的外表，反射性很强，可以利用其反光表现建筑，新颖独特

我们知道，现代建筑物的表面很多都是玻璃钢等具有反射性质的物体，所以它可以反射建筑周围的景物，利用这一点，你就可以表现出截然不同的建筑画面。建筑物的反射性可以给你带来另外一种表现的可能——双重空间的再现，这会很迷人。此外，除了建筑物本身，我们还可以利用建筑周围具有反光特性的景物，如水池、汽车、光滑的大理石、镜子等来表现建筑物，你可以拍摄到建筑物的倒影与建筑完美地对称在一起，你也可以拍摄到反光表面中的另外一个空间——建筑物等的倒影，如果你再将建筑物倒影的照片倒过来观看，效果会怎么样呢？

光圈：f/5.6，曝光时间：1/350秒，感光度：200，焦距：35mm
反射的景物可以营造多重空间的画面感受。比如利用水面的反光来表现建筑的倒影，生动有趣，视角独特。如果水面太平静，可以投掷一颗石子，打破这种平静，荡漾的水纹扭曲了建筑，使画面富有了活力

利用低速快门简化画面

有时候，我们在拍摄城市建筑时，会因为四周的流动人群和车辆而苦恼不堪，不知道该如何将其从画面中隐去，此时，你可以使用低速快门来达到“清理场地”的目的。使用低速快门将运动的一切景物虚化掉，有时候汽车的尾灯会因为长时间曝光而在画面中形成一条条的彩色光带，为建筑带来别样的气氛。当然，这通常更多的时候只能在暮色阑珊等光线较弱的环境下使用，不过你如果加用中性灰密度镜，在白天也可以实现这种效果。因为中性灰密度镜可以减少进入镜头的光线，加之使用最小的光圈和最低的感光度，可以在白天将快门速度降到足够低。还有一种更加强烈的简化方式就是使用 B 门，通过超长时间的曝光，将运动中的景物都虚化得没有踪迹，只留下静止的景物在画面中。当然，这些拍摄都需要稳定相机，所以你要用到三脚架和快门线来完成拍摄。

右页上图。光圈：f/22，曝光时间：3 秒，感光度：800，焦距：35mm
长时间曝光下，街道上散步的人群因为无法凝固而从画面中消失掉了，只剩下安静的街道和清晰的建筑。若改变快门速度，就可以记录下运动的人流

光圈：f/22，曝光时间：4 秒，感光度：800，焦距：35mm
长时间曝光，车流被虚化，只剩下尾灯拉出来的线条显示着其运动的轨迹，富有动感，与静止的建筑形成对比，更显城市夜晚的繁华和美丽

光圈：f/8，曝光时间：1/2 秒，感光度：800，焦距：35mm
快门速度提高后，街道上的人群虽然还是虚化的，但已经有人影凝固下来了，画面感觉比较诡异

利用色彩对比表现建筑物的活力

有些建筑的色彩会很华丽、饱和、多彩，非常吸引人，此时可以尝试使用色彩对比来突出建筑的色彩美感，彰显其个性。色彩的对比方式有很多，比如冷暖对比、互补色对比、同类色对比、明度对比、消色对比等，在构图中善加利用这些对比效果，就可以拍摄出极富个性的建筑照片。此外，要表现色彩，一般选择顺光或者柔光条件下拍摄最为合适，因为顺光可以带来明亮而充足的光线，使得色彩更加饱和、亮丽，而柔光则可以将色彩的细节层次和微妙过度表现得淋漓尽致。

右图。光圈：f/11，曝光时间：1/125 秒，感光度：200，焦距：50mm
形式感强烈的建筑不免单调，比如画面中向远处重复排列的线条，虽然富有秩序，但是缺乏活力，此时用色彩活跃画面，是最好不过了。红色的窗框在线条间吸引观者的注意力，打破了单一的形式感

光圈：f/11，曝光时间：1/350 秒，感光度：200，焦距：35mm
建筑物结构相似，使画面富有形式感。明丽的色彩起到了调节画面气氛的作用，且互补色的对比效果使画面更加生动，视觉效果强烈

利用对称表现建筑物的稳定

很多建筑在设计之初都是采用对称设计的，这在中国建筑中非常多见。所以在拍摄这种建筑时，可以寻找能够完美表现这种对称性的角度来拍摄，呈现建筑的构造特点和美学特征。同时，对于建筑来讲，对称式构图可以使之更加稳定、雄伟。但是要避免对称式构图带来的负面影响——单调。这可以通过在画面中加入其它小的构成元素或者利用背景、前景中的元素来打破这种完全对称的单调感。

光圈：f/2.0，曝光时间：1/20 秒，感光度：800，焦距：35mm
建筑的对称性可以表现其稳定和雄伟，但是也容易带来呆板的视觉效果，若是在白天拍摄，就需要寻找能打破这种呆板效果的景物来生动画面；若是在夜晚，效果就好多了，因为绚丽的楼体效果灯可以极大地丰富建筑的视觉效果，削弱形式上的呆板感受

横画幅与竖画幅的不同之处

拍摄建筑时，横画幅更适合表现宽阔的建筑场景，比如俯拍的建筑群，横画幅有效的横向延伸性，可以带来更宽广的视角，为观者提供更多的视觉信息。所以对于横向延伸特性的建筑而言，横幅构图最为适合。竖画幅因为具有纵向的延伸性，比较适合表现竖长的单体建筑，体现其高大和向上性。所以，在拍摄建筑时，可以根据建筑的形态选择相应的画幅形式，当然这只是普通意义上的建议，它可以给你的构图带来一定的安全保障，但却不能给你带来意外的惊喜。所以，你要想拍摄更加出色的建筑照片，就不要拘泥于它，要学会打破这些规则。

光圈：f/11，曝光时间：1/300 秒，感光度：100，焦距：24mm
横画幅的宽广视角非常符合横向延伸的城墙，其强烈的透视效果可以囊括更多的城墙画面，表现城墙的深度

光圈：f/4，曝光时间：1/500 秒，感光度：100，焦距：40mm
竖画幅与上下竖长的建筑在空间形态上比较符合，可以说是相得益彰

左页下图。光圈：f/11，曝光时间：1/300 秒，感光度：100，焦距：24mm
横画幅在拍摄大场面的建筑时非常有效果，可以表现出建筑群绵延的气势

Chapter 8 静物小景摄影实战精讲

拍摄静物小景照片是很多摄影师的爱好之一，也有很多拍摄技法供借鉴，比如：构图要简洁；主次关系要分明，不可喧宾夺主；主体要突出；注意画面中线条的引导作用；运用三分法构图；将阴影作为构图的一部分，善加运用等，都是极为有效的拍摄要点和方法。

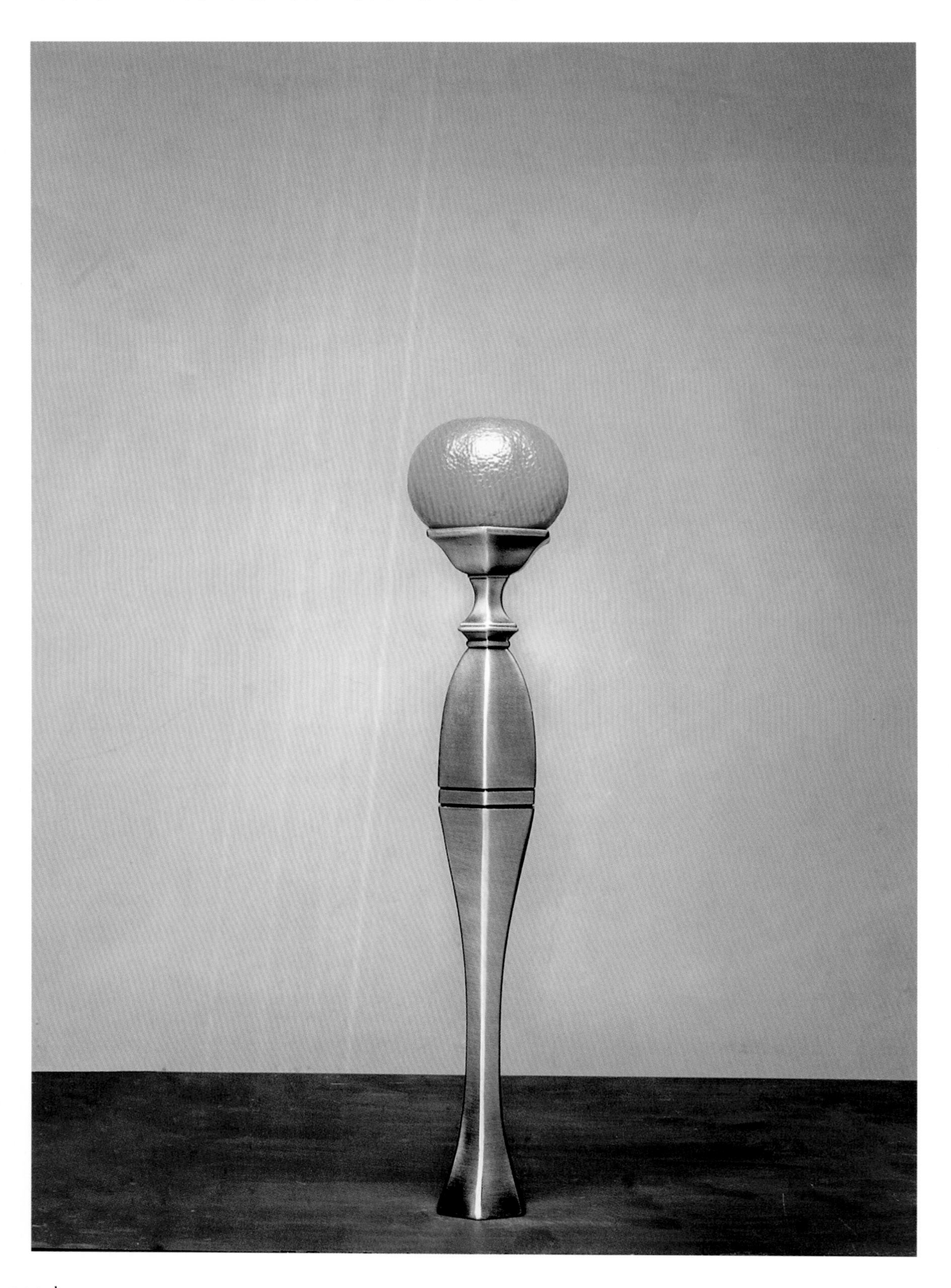

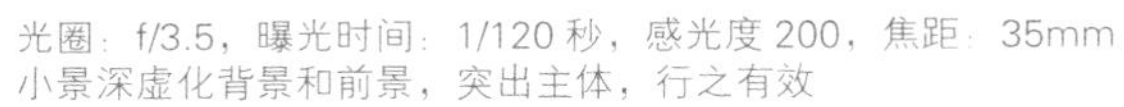

光圈：f/3.5，曝光时间：1/120 秒，感光度 200，焦距：35mm
小景深虚化背景和前景，突出主体，行之有效

光圈：f/6.0，曝光时间：1/150 秒，感光度：200，焦距：50mm
景物的阴影可起到强化光影效果，明暗衬托，突出主体的作用

左页图。光圈：f/8，曝光时间：1/125 秒，感光度：100，焦距：50mm
简洁的背景对于静物拍摄来说非常有效，它可以突出主体，简洁画面，带来强的视觉冲击

光圈：f/5.6，曝光时间：1/125 秒，感光度：200，焦距：35mm
构图时将主体构置于黄金分割点附近，可以突出主体，协调画面

选择拍摄主体

静物摄影的拍摄主体完全取决于你自己的选择，也就是说，相对于风光摄影和人物摄影，静物摄影的题材更加主观和具有可控制性。你需要绞尽脑汁地去寻找和挖掘静物自身的独特美感，然后借助灯光用创造性的方法去表现它们。你可以在屋子里仔细寻找拍摄的对象，目标可以是有趣但是简单的物件。千万不要以为拍摄静物就是拍摄诸如水果或者鲜花之类，你可以开放性地选择拍摄对象，只要它是吸引你的。此外，拍摄静物不一定要局限于家中的景物，在你出门四处闲逛时，如果有东西吸引了你的眼球，就把它带回家（但是不能偷哦），或者做个标记以后有时间再去拍。尽量避免选择草和金属这类带有反射性表面的对象，因为此类物体对光线的反射性很强，光线难以控制。一旦你掌握了单个实物的拍摄技术，就试着将几个静物放在一起拍摄吧，最好是几个形状、颜色、纹理都不同的实物，看看自己是否能拍出好的效果来。

光圈：f/3.5，曝光时间：1/60 秒，感光度：200，焦距：50mm
选择有趣的拍摄主体可以给静物画面带来截然不同的效果，独特的色彩对比和主体形象一下子就能抓住观赏者的眼睛

光圈：f/8，曝光时间：1/125 秒，感光度：200，焦距：50mm
利用灯光营造静物的线条感，勾勒其形状，富有抽象意味。比如玻璃制品，从底部或者背后打光，就可以在玻璃制品的边缘形成优美的线条，简洁明了

光圈：f/3.5，曝光时间：1/100 秒，感光度：200，焦距：35mm
色彩斑斓的树叶漂浮在平静的水面上，幽蓝的天空带来色彩上的冷暖对比，视觉效果丰富多彩，大有油画之感，这样优美的小景是绝佳的拍摄对象

光圈：f/2.0，曝光时间：1/150 秒，感光度：100，焦距：30mm
靠近拍摄主体，仔细观察，抽取其独特的局部和形状着重表现，用小景深来突出，可以带来强烈的视觉感受

正确使用背景

拍摄静物照片，背景的选择极为重要。通常情况下，简洁且美丽的背景是静物照最好的选择。因为这样的背景不会对你所拍摄的物体产生大的影响，可以降低拍摄的难度。比如一面素色的墙或者一张大的白色或者素色的纸就是比较不错的选择。此外，在选择背景时还需要考虑背景的色调，因为浅的静物一般需要深色的背景来得到突出和强调，若也是用浅色调的背景，对画面的曝光要求就会提高。所以对于摄影初学者来说，拍摄静物主体与背景反差较大的画面，成功率会更高些。

光圈：f/5.6，曝光时间：1/100 秒，感光度：200，焦距：35mm
因为草叶有反射光线的能力，所以深色的背景可以衬托被光线照亮了的草叶，并通过草叶由明到暗的过渡，强化草丛的层次和空间

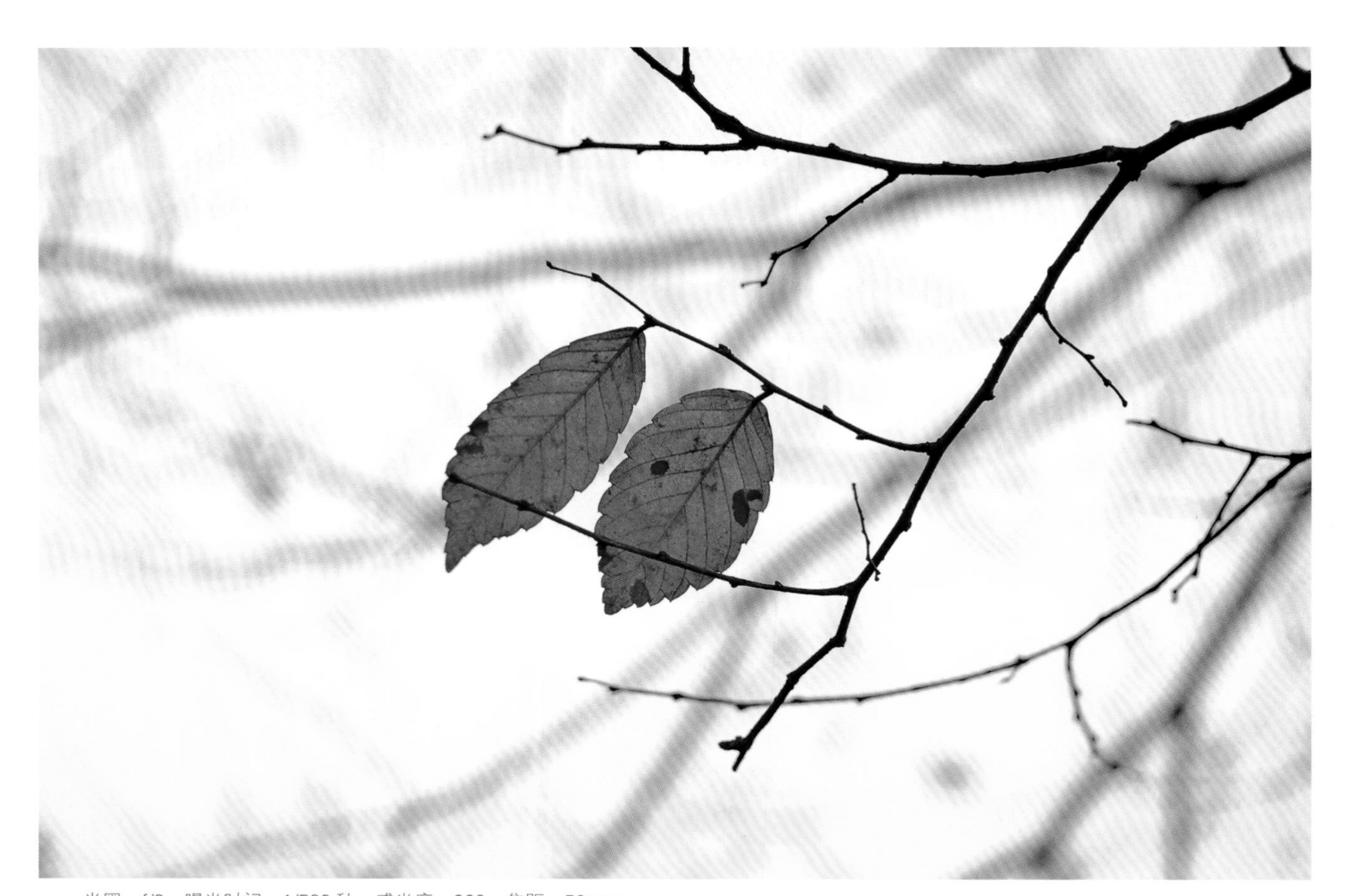

光圈：f/2，曝光时间：1/500 秒，感光度：200，焦距：50mm
明亮的背景被虚化，隐隐约约的枝条与前景中清晰的枝条形成虚实对比，丰富着画面的空间层次，突出了树叶的形态。且因为树叶半透明的属性，背景明亮的光线起到了逆光效果，将树叶的经脉完整清晰地勾勒了出来，效果非常生动、形象

右页图。光圈：f/5.6，曝光时间：1/110 秒，感光度：200，焦距：35mm
柔和的光线将干净简洁的背景柔化，明亮度较高的蓝色座椅在深绿色背景的衬托下比较突出

静物小景的用光

我们在拍摄静物小景照片时，光线的变化会给画面景物的表现带来大的影响。所以，在选择静物时，要考虑到光线对它的刻画和影响，选择相适宜的光线。一般来说，柔和的顺光照明具有一种美化形状的效果，易于展现二维空间，并且会将景物的色彩表现得更加饱满、艳丽。而侧光照明则有利于突出被摄体的表面特征，且会形成投影，能够强化主体的立体特征和空间效果。但有时候投影也会掩盖被摄体的表面细节，影响其周围静物的形体和色彩表现，所以在使用侧光照明时，一定要时刻注意投影对画面的影响，控制好光比变化，适时对暗部进行补光。

光圈：f/8，曝光时间：1/125 秒，感光度：100，焦距：75mm
直射的顺光可以突出静物的形状，且因为静物的正面受光充足，色彩更加饱和，只是静物的立体感被削弱，画面感觉上有点平面

右页图。光圈：f/3.5，曝光时间：1/150 秒，感光度：200，焦距：30mm
逆光拍摄小景物时，很容易造成眩光，影响画面的清晰度。不过现在很多人喜欢用眩光来表现一种清新、温暖和光线的气氛，是时下比较流行的一种表现方式

光圈：f/8，曝光时间：1/125 秒，感光度：100，焦距：75mm
侧光照明因为能够制造较大的阴影，所以静物的立体效果会被加强。但是侧光过于强烈，会使明暗反差过大，静物的暗部细节丧失，所以可以柔化侧光或者是对静物的暗部进行补光，缩小光比反差，保证一定空间立体感的同时，确保暗部细节的丰富性

右页图。光圈：f/4，曝光时间：1/150 秒，感光度：200，焦距：35mm
柔和的光线因为光比不大，景物的明暗反差较小，所以可以将小景拍摄得非常柔和，色彩和形态都能够得到较好的表现，细节和层次非常丰富，曝光也比较容易，是很好用的一种光线

静物小景的构图

除了用光之外，静物的构图也非常重要，为了拍摄的成功，你必须在画面所用的物品之间建立某种联系，使其成为一个有机体，为整个画面的表现各出己力。在取景构图之前，你可以先对拍摄的对象进行一下分析，比如形状、色彩、形态和质感等方面的特性如何，如何来协调和突出，这样一来，你就可以大体知道该如何来构置画面了。完美的构图要讲究均衡和协调，在将被摄体有机组合起来之后，焦点会得到突出，而不是减弱，每个物体都应具有给下一个物体添加情趣的特性。在静物摄影中，最经典的构图方法就是三角形构图，因为它具有稳定性和协调性，可以使画面更加饱满、有序，在静物的摆放中，要注意疏中有密，密中有疏，适当留白，给人以空间的遐想。

光圈：f/5.6，曝光时间：1/60 秒，感光度：200，焦距：50mm
画面利用橱窗玻璃的反光，将窗外面的景物巧妙地融入到主体的结构中，非常具有趣味性，给人一种似真还假的视觉感受

光圈：f/11，曝光时间：1/125 秒，感光度：100，焦距：35mm
画面利用散落的花瓣作为前景引导观者的视线逐渐过渡到花篮上去，构图饱满，富有条理

光圈：f/16，曝光时间：1/250秒，感光度：100，焦距：75mm
拍摄静物时，将拍摄体摆放成三角形，可以保证画面的稳定性，这也是静物绘画中最经典的构图方式

光圈：f/8，曝光时间：1/250秒，感光度：100，焦距：60mm
在拍摄富有创意的静物画面时，也不要忘了运用三角形构图帮助稳定画面

长时间反复拍摄

和风光摄影不同的是，很多静物摄影中的光线是人工光，不会因时间的改变而有所变化；和人物摄影不同的是，你的拍摄对象不会越来越无聊，它会始终保持一种形态，直到你拍摄结束。这些都是静物摄影的优势，你可以将你的拍摄对象、光线、背景和相机等都布置好，然后拍一些照片，如果觉得哪里不够好，可以改变它们，继续拍摄，你可以有足够的时间来进行反复的创作。所以，你不妨静下心来，好好地钻研拍摄对象和拍摄效果，在不断地实验和变化中找到新奇的画面效果。

光圈：f/8，曝光时间：1/60 秒，感光度：100，焦距：40mm
在室内拍摄静物，光线可以人为地控制，所以你可以有大量的时间来研究画面，而不必担心光线会改变。你可以变换光位，改变照明的效果，你还可以改变静物的位置、形态，得到自己想要的形象

光圈：f/8，曝光时间：1/50 秒，感光度：100，焦距：40mm
在光线上做文章。通过加用色片，改变光线的色温和照射角度，画面效果立即变得截然不同起来

光圈：f/3.5，曝光时间：1/90 秒，感光度：100，焦距：35mm
利用散射光拍摄小景，可以得到温和的画面效果。试着低下身子拍摄，利用水面反射的天空光使画面更加通透，小景深的虚化效果增加了画面的情趣

三脚架和角度

在静物摄影中，我们往往会需要很长的时间来进行反复的拍摄，所以，更多的时候相机需要有三脚架来固定，这样最起码可以保证拍摄的角度暂时不变，而你可以把所有的精力都尽量放在静物台上，更好地观察和拍摄你的对象，这会为你省去很多不必要的麻烦。还有就是拍摄光线较暗的情况下，三脚架可以保证你拍摄画面的清晰。但是，需要注意的是，不要让固定了位置的相机限制了你的创造性，因为使用三脚架后，你会比较容易忘记去改变拍摄位置，结果使拍出来的照片看上去视角都大同小异。所以，你可以在高度和角度上进行调整，你可以尝试采用俯视的角度来拍摄对象，也可以尝试采用仰视或者平视的角度来拍摄，但是有一点要注意，在移动的过程中不要将自己的阴影投射在物体上。

光圈：f/3.5，曝光时间：1/90 秒，感光度：100，焦距：35mm
同样一处景致，试着在它周围走动走动，可以得到不一样的画面效果，比如背景的改变，水面景物的变化，都会影响画面的呈现感觉

光圈：f/2，曝光时间：1/200 秒，感光度：100，焦距：35mm
尽可能地贴近地面拍摄地表的景物，可以带来微观的视觉效果，角度独特，也是日常中不能常见的视角

光圈：f/2，曝光时间：1/200 秒，感光度：100，焦距：35mm
仰视拍摄景物，可以利用天空作简洁背景，植物的枝叶也因为仰视的原因，形态有所变化，比平视拍摄的效果要新鲜

光圈：f/5.6，曝光时间：1/25 秒，感光度：100，焦距：50mm
在室内拍摄静物时，有时光线会比较弱，快门速度较低，如不使用支撑物稳定相机，画面很容易虚糊，所以最好使用三脚架，保证画面清晰。此外，拍摄的角度对静物画面的影响也非常明显，平拍可以得到亲近的画面效果

光圈：f/5.6，曝光时间：1/25 秒，感光度：100，焦距：50mm
俯视拍摄静物可以得到较新鲜的视角效果

户外拍摄静物

在户外拍摄静物时，背景的选择比较多元，你可以通过变换拍摄角度来选择不同的背景。但是室外拍摄时的光线会对画面产生很多限制，因为相对于室内拍摄，它是变化的。所以，在室外拍摄静物时，需要选择拍摄的最佳时间。通常在晴天的情况下，上午 10 点钟以前的光线以及下午 3 点钟以后的光线都是较理想的拍摄光线，而晨昏光线可以说是最佳的拍摄光线。当然，你也可以选择在阴天拍摄，这时的散射光对于静物的色彩和形状会有极好的表现。此外，在晴天拍摄时，如果情况特殊，你可以采用对暗部进行补光的方法来缩小光比反差，也可以将静物置于阴影中拍摄。

光圈：f/8，曝光时间：1/100 秒，感光度：100，焦距：35mm
午后暗淡的阳光既可以提供照明，光比反差也不是太大，是表现小景、静物的理想光线

光圈：f/5.6，曝光时间：1/125 秒，感光度：100，焦距：35mm
杂乱的背景用小景深虚化，突出主体，采用低角度拍摄，将小蘑菇表现得高大、独特，新颖异常。清晨的树林光线比较暗淡，对小蘑菇的暗部进行正面补光，画面明亮，色彩艳丽

光圈：f/5.6，曝光时间：1/120 秒，感光度：100，焦距：30mm
在阴影中拍摄静物，可以缩小光比反差，静物细节和形态鲜明、生动

光圈：f/2，曝光时间：1/250 秒，感光度：200，焦距：35mm
夕阳逆光下，静物的质感和立体感表现俱佳，画面色调迷人，夕阳西照的光影效果生动异常

自然静物

在日常拍摄中，我们会遇到很多美丽的小景，这些景物本身就具有让人赏心悦目的构成特征和美感，而不需要摄影师去刻意地安排，拍摄这些自然静物的奥妙就在于发现恰当的拍摄角度和使用合理的光照，同时要紧紧抓住你的“第一感”，也就是你第一眼看到这组景物时所给你留下的冲击和印象，然后通过构图和用光，将这一鲜活的第一感转换成影像。

光圈：f/11，曝光时间：1/120 秒，感光度：100，焦距：35mm
亮丽的色彩对比是第一眼的感觉，所以在保持这一感觉的基础上，通过构图来得到一张富有色彩感的小景图片吧

光圈：f/8，曝光时间：1/100 秒，感光度：100，焦距：24mm
晶莹剔透的水滴折射身后的菊花，像万花筒般呈现出迷人的景象，给人独特的视觉感受

光圈：f/5.6，曝光时间：1/200 秒，感光度：200，焦距：35mm
锈迹斑斑的铁门和透射过来的逆光给人一种很怀旧的感觉。拍摄时抓住这一感觉，通过构图和曝光将其凝固下来，就是一幅不错的小景照片

光圈：f/3.5，曝光时间：1/100 秒，感光度：200，焦距：35mm
深暗的枫树在明亮的黄色背景墙的衬托下，形象动人，抓住这一印象，截取枫树的局部，根据墙体亮度曝光，突出其饱和明亮的色彩，剪影化树体，以此来营造独特的画面感

Chapter 9 动物摄影实战精讲

“动物是我们人类的朋友，我们要懂得爱护它们。”动物与我们的特殊关系，使得它们成为很多摄影师的拍摄对象。如果你曾经也尝试拍摄过动物，那么它们敏捷的动作、逃跑的反应、复杂的光线、不合适的背景等种种客观因素，会给你的拍摄留下深刻的印象，你需要学会如何处理这些问题，并最终得到一幅美的照片。

光圈：f/2，曝光时间：1/200 秒，感光度：200，焦距：35mm
小猫挠痒痒，自我沉醉的样子让人忍俊不禁

了解它们

在拍摄动物之前，如果可能，你最好先去了解下它们，这对你接下来的拍摄有很大的帮助。此外，有一些动物，尤其是野生动物，都有很强的警惕性和攻击性，了解如何避免触犯它们，确保拍摄时的人身安全非常重要。你可以从网上或者书籍中获得一些知识，比如它们的生活习性、生存环境、饮食喜好，甚至是当时当地的天气状况等，以为拍摄做好万全准备。

光圈：f/8，曝光时间：1/125 秒，感光度：200，焦距：35mm
鸭子是群居动物，所以找到它们成群结队在一起行动的景观，运用独特的光线、个性的色调来表现它们，就可以得到不错的效果

光圈：f/3.5，曝光时间：1/250 秒，感光度：200，焦距：50mm
动物都是敏感的、易动的，而且不同的动物其生活习惯和个性都各不相同，拍摄前先去了解它们的习性，可以让拍摄变得更加顺利

隐藏好自己

在拍摄动物时，尤其是野生动物，你不能像拍摄其他题材一样，毫不遮掩地行动和拍摄，这会把动物们吓跑，所以你要学会隐藏自己的行踪和声响，抓拍动物最放松的瞬间。

光圈：f/8，曝光时间：1/125 秒，感光度：200，焦距：50mm
拍摄动物时，隐藏好自己，蹑手蹑脚是最经常的行为，拍摄过程中的那种小心和谨慎，有时候会使你觉得自己仿佛回到了童年

右页上图。光圈：f/2，曝光时间：1/300 秒，感光度：200，焦距：50mm
在鸟笼前待上足够的时间，直到小鸟已经习惯了你的存在，变得不那么躁动的时候，开始拍摄

右页下图。光圈：f/3.5，曝光时间：1/400 秒，感光度：200，焦距：75mm
远远看到有蝴蝶飞来，此时你不必急于去追赶它们，这样做往往劳尔无果。你可以在花丛附近找一个隐蔽的角落，悄悄地等待它飞到面前的花丛中来，捕捉生动的瞬间

着装

你的服装应该是灰色、黑色或者迷彩色等隐性服装，因为动物们都会对艳丽的色彩敏感，如果你穿着艳丽的服装去拍摄，会轻易地把自己暴露出来，引起动物们的注意。

守株待兔

你可以采用等待的方式让动物们习惯你的存在，你可以为自己搭一个迷彩的帐篷，或者是静止在某一遮蔽处，前提是你已经做好了前期拍摄的相关准备，比如动物们出没的地点、你的饮食以及相机的拍摄状态等，这会非常考验你的耐性，当动物们习惯了你的存在时，你就可以拍摄它们的精彩瞬间了。

镜 头

你需要有一款长焦距镜头，比如 100mm 甚至是 800mm 以上的超长焦镜头，这样你就可以在远处悄悄地将动物们拉近拍摄，而避免靠近引起它们的注意，这在拍摄某些危险性动物时也是确保自身安全的一种有效方式。如果你的镜头焦距不够长，也不必灰心丧气，你可以使用增距镜来延长焦距。

光圈：f/3.5，曝光时间：1/200 秒，感光度：200，焦距：140mm
长焦镜头拍摄动物可以保持与动物的距离，在远处悄悄拍摄，不打扰它们，抓取它们最自然的动作和神态

关闭相机的蜂鸣器，并使用手动对焦

相机的对焦提示音和自动对焦的声音会在某些情况下惊扰到动物，因为动物们对镜头咝咝的对焦声和嘀嘀的对焦提示音非常敏感。

右页图。光圈：f/8，曝光时间：1/125 秒，感光度：200，焦距：50mm
在拍摄警惕性较高的动物时，如果你在对焦时蜂鸣器响起了“嘀嘀”的声音，很有可能会毁掉你苦苦等待得来的良好时机。所以，消灭一切发声的设备和行为，最大限度地隐蔽自己是抓拍到动物形态自然的画面的保证。除非你想拍摄动物警惕性地回头凝视的镜头，但这会非常考验你的抓拍能力，一次不成功，就很难再有机会了

眼疾手快

我们都知道，动物们行动迅速，反应敏捷，所以在拍摄时，也需要摄影师反应敏捷，眼疾手快，这在一定程度上对摄影师的拍摄能力提高了要求。除了设置较高的快门速度外，对动物自身的观察也很重要，观察到位，做到心中有数，将有助于准确捕获精彩的瞬间。在抓拍动物时，最需要考虑的是相机的快门时滞问题，比如便携式数码相机的快门时滞就相对较长，如果不能提前做好拍摄的准备，很可能会错失掉最精彩的动作瞬间。

光圈：f/8，曝光时间：1/125 秒，感光度：200，焦距：50mm
当拍摄快速移动中的动物时，如飞翔的鸟类，使用较高的快门速度，并设置连拍，可以保证抓拍的成功率

光圈：f/3.5，曝光时间：1/125 秒，感光度：200，焦距：50mm
在取景器中观察鱼群的游动状态，当小鱼浮出水面吐水泡或者吃东西时，按下快门，水面的圈圈涟漪诉说着鱼群刚刚发生的故事，生动异常

对焦眼睛

动物的眼睛都有某种感情的诉说，是最能打动人的表现部分，所以对动物的眼睛清晰对焦，会让画面更富神采。在取景构图时，或者表现动物警惕地凝视远方的眼睛，或者表现动物直视镜头的眼睛，或者表现动物聚精会神的眼睛，并保证对焦点始终处在眼睛上，这可以为画面带来直接的生动点。在构图时，可以将动物的眼睛置于黄金分割点附近，如果是凝视远方，最好在眼睛视线的方向上留出大的空间来，给人以透气感和想象空间。

光圈：f/2.0，曝光时间：1/300秒，感光度：100，焦距：35mm
动物的眼睛会说话，在对焦时对准动物的眼睛，捕捉它们的可爱眼神，让动物更加富有感情，惹人怜爱

使用长焦镜头

长焦镜头除了可以保证摄影师的自身安全，避免打扰拍摄对象以外，还可以通过制造小景深来突出拍摄主体。长焦镜头天生具有的压缩空间和虚化背景的能力可以给动物拍摄带来最佳的画面效果。因为动物生存环境的复杂和其自我保护的特质，使得拍摄的主控性变弱。在很多情况下，动物的色彩往往与环境很相似，加之背景混杂，动物难以突出，此时使用长焦镜头就可以通过虚实的对比，将动物从空间中凸显出来，杂乱的背景被虚化变得简洁，主体被清晰表现变得立体生动。不过要注意的是，使用长焦镜头时要加用三脚架帮助清晰对焦。因为长焦镜头往往较重，在手持状态下难以端稳，再加之环境较暗或者需要使用较低的快门速度时，就必须使用三脚架来保证画面清晰了。

光圈：f/5.6，曝光时间：1/125 秒，感光度：200，焦距：110mm
在岸边拍摄贪睡的鸭子，最保险的做法就是远离它们，使用长焦镜头拉近拍摄，避免因为过度靠近而惊扰了它们的美梦，给你一个大大的失落

光圈：f/2，曝光时间：1/250 秒，感光度：100，焦距：100mm
使用长焦镜头抓拍停留在花朵上的蝴蝶，不仅免于惊扰到它，而且可以借助长焦镜头的小景深效果虚化背景中杂乱的植物，突出主体

景深大小

景深在拍摄动物时有大用处。小景深可以突出动物的某一特征，例如毛绒绒的耳朵、水汪汪的眼睛、湿润润的小红鼻子、软绵绵的小爪子等，勾起人们对动物的美好感情。此外，小景深还可以用来虚化杂乱的空间背景和前景，使主体的质感得以清晰表达。大景深则可以突出表现动物的身体特征或者是周围环境，使得主体表现更加立体，画面更加富有现场感和生动性。拍摄较温顺的动物如家里的宠物、家禽、昆虫等时一般使用小景深，你可以做到尽量地靠近它们拍摄。所以，使用大景深还是小景深，要看拍摄的对象和画面需要来决定，使景深的变化达到真正的画面表现效果。

光圈：f/8，曝光时间：1/100 秒，感光度：200，焦距：35mm
大的景深可以清楚地交代动物身边的环境情况，当这种环境可以衬托画面和主体时，不妨一试

光圈：f/2，曝光时间：1/350 秒，感光度：100，焦距：35mm
靠近小动物，用小景深表现它们的皮毛和神态，总是会得到不错的画面效果。当你靠近小动物时，小动物会因为你的到来而表现出各种动作和神态，为你充当最敬业的模特

质感表达

动物表面有不同的质感，比如毛状、甲状、鳞状等，在拍摄时要针对所拍对象的质感特征来选择相应的光照条件。对于一般的拍摄者来说，毛状动物见得最多，拍的可能也是最多的。在拍摄毛状动物时，逆光往往可以将它们毛绒绒的皮肤质感表达得别具一格，顺光则可以更好地表现出它们皮毛的光泽和色彩。但对于甲状或者鳞状等动物，选择侧光更能够表现出它们的质感特征。

光圈：f/5.6，曝光时间：1/125 秒，感光度：100，焦距：40mm
侧逆光营造出了一种祥和的午后时刻，马匹的皮毛在侧逆光下质感毕现

选择不同的拍摄角度

不同的拍摄角度可以表达不一样的情感，对于拍摄动物而言，角度的选择更加重要。如果有可能，一定要以齐眉的高度去拍摄各种动物，这样的角度会让人看上去与动物亲密无间，没有了俯视时的高高在上之感。这不仅仅局限于小动物，拍摄一匹马也同样如此，这样的动物肖像照看起来会更有穿透力和亲和力。当然，这样的角度可能更多的是在拍摄家庭宠物或者是小昆虫时使用，因为拍摄野外动物时，这样的角度会相对危险些。俯视拍摄小动物往往是我们平时的观看视角，不过俯视可以强化动物的透视特征，使得动物看上去更加楚楚可怜，惹人疼爱。仰视拍摄动物时可以将动物拍摄得更加强大，尤其是使用广角镜头时，这种近大远小的透视感会更加强烈，动物的形体状态也会被夸张得更具戏剧性。

光圈：f/4，曝光时间：1/100 秒，感光度：200，焦距：60mm
将自己的视角放到与动物相同的高度上，用平视的视角拍摄可以使画面更加具有亲和力

右页图。光圈：f/6，曝光时间：1/125 秒，感光度：100，焦距：50mm
俯视拍摄是最常用的一种拍摄角度，小动物在俯视的画面中更显弱势，给人一种怜爱的冲动

PHILLIPS

拉近与动物的感情

试着跟动物们混熟是个很好的想法，当然这仅限于温和的动物，那些凶险的动物你还是暂时打消这一念头吧。而当它们把你当成“自己人”时，它们会亲近你，会给你的拍摄带来很多意想不到的精彩。有很多动物都是贪吃鬼，你在出发之前不妨带上一些零食，像小饼干、香肠什么的，见到它们时就把这些作为见面礼，它们会给你更多的拍摄机会。此外就是“日久见人心”了，你要经常与拍摄的动物们厮混，让它们习惯你的存在，当然这是一个毅力活儿。

光圈：f/8，曝光时间：1/125 秒，感光度：200，焦距：50mm
拍摄鱼塘中的小鱼时，很不容易拍摄到小鱼活跃的画面，此时，你可以用小食物贿赂它们，让它们围着你打转，而你此刻就可以捕捉下它们贪吃的画面

光圈：f/7，曝光时间：1/125 秒，感光度：100，焦距：35mm
家中的宠物绝对是你拍摄的最佳模特，就凭它与你那深厚的感情，随便你怎么拍都不会跟你急

光圈：f/3.5，曝光时间：1/150 秒，感光度：100，焦距：50mm
多与小狗玩耍，抚摸它们，与它们交熟后，你就可以尽情捕捉它们可爱的表情和动作了

靠得再近些

距离产生美，但是在摄影中，无限制地接近只会给你的画面带来强的视觉冲击。所以拍摄动物时，试着靠得再近些吧。比如你拍摄家中的小猫，让你的镜头尽量地靠近它，它那湿润润的大鼻子和好奇的眼神会让你忍俊不禁。此外，你可以使用广角镜头来夸大透视，这种视觉冲击力是你所想象不到的。

左页图。光圈：f/3.5，曝光时间：1/125 秒，感光度：200，焦距：50mm
野外的小猫其实是不容易靠近的，除非它对你的到来很感兴趣，歪着脖颈仔细地打量你的用意，当出现这一动作时，就是你靠近它拍摄的最好时机

光圈：f/5.6，曝光时间：1/200 秒，感光度：100，焦距：50mm
这是一头美丽的黄牛，为什么不靠近点拍摄它那美丽的眼睛和华丽的毛色呢

融入趣味性

在拍摄动物时，有时候只是清晰地拍下它们好像并不够，画面会单调而缺乏趣味性。所以，你可以试着寻找富有故事性和趣味性的画面。比如它们打闹嬉戏的场面、相互依偎睡觉的场面、表情奇怪的场面、想干“坏事”的场面等，这会给画面带来更强的阅读性，也会让观者的印象更加深刻。

光圈：f/5.6，曝光时间：1/200 秒，感光度：100，焦距：75mm
小动物有时候会做出各种耍憎的表情，比如这只海豹，探出水面给了观众一个甜甜的笑脸，像这种温情时刻，抓拍下来就是一幅充满趣味的佳作。

左页图。光圈：f/5.6，曝光时间：1/350 秒，感光度：100，焦距：65mm
利用点线面的构图形式，可以为画面制造出充满旋律美感的效果。比如拍摄成群的小鸟时，不一定要去拍摄其中某只的特写，可以退出来，用构成的眼光重新打量整个画面，有时会发现别样的趣味效果，像左面的图像。

责任编辑　卞际平　高振杰
责任校对　朱晓波
责任印制　朱圣学
装帧设计　戈丁广告

图书在版编目（CIP）数据

数码摄影第一书．单反实战 / 张新根著．--杭州　：浙江摄影出版社，2012.7
ISBN 978-7-5514-0157-9

Ⅰ．①数… Ⅱ．①张… Ⅲ．①数字照相机—单镜头反光照相机—摄影技术 Ⅳ．①TB86②J41

中国版本图书馆CIP数据核字（2012）第146459号

数码摄影第一书　单反实战

张新根 著

全国百佳图书出版单位
浙江摄影出版社出版发行
(杭州体育场路347号　邮编：310006)
电　　话　0571-85159646　85159574　85170614
网　　址　http: //www.photo.zjcb.com
经　　销　全国新华书店
制　　作　尚村文化创意有限公司
印　　刷　浙江影天印业有限公司
开　　本　787×1092　1/16
印　　张　25.5
2012年7月第1版　2012年7月第1次印刷
ISBN　978-7-5514-0157-9
定　　价　88.00元